虚拟现实
技术及应用

简靖韡 · 主 编

朱 渔 黄慧精 袁 琦 · 副主编

清华大学出版社

北京

内 容 简 介

随着科技的进步和社会的发展，各行各业对虚拟现实技术的需求日益旺盛，虚拟现实技术的应用范围越来越广泛。本书将虚拟现实技术应用中具有普遍性和代表性的知识、技术进行归纳，从普及和实践的角度出发，通过实例介绍虚拟现实的理论知识和应用场景，帮助读者学会使用专用工具软件进行初步开发。本书共 6 章，分别是：虚拟现实技术概论、虚拟现实系统的硬件设备、虚拟现实系统的相关技术、虚拟现实技术的相关软件和处理语言、虚拟现实全景技术、Unity 3D 开发基础。

本书既可作为高职院校虚拟现实技术应用专业的基础课程教材，也可作为虚拟现实技术从业人员和虚拟现实技术爱好者的参考书。

图书在版编目（CIP）数据

虚拟现实技术及应用 / 简靖韡主编. — 北京：清华大学出版社，2024.4
ISBN 978-7-302-65461-2

Ⅰ.①虚… Ⅱ.①简… Ⅲ.①虚拟现实 Ⅳ.①TP391.98

中国国家版本馆 CIP 数据核字（2024）第 044660 号

责任编辑：陈凌云
封面设计：张鑫洋
责任校对：李 梅
责任印制：曹婉颖

出版发行：清华大学出版社
   网   址：https://www.tup.com.cn, https://www.wqxuetang.com
   地   址：北京清华大学学研大厦 A 座   邮   编：100084
   社 总 机：010-83470000   邮   购：010-62786544
   投稿与读者服务：010-62776969, c-service@tup.tsinghua.edu.cn
   质量反馈：010-62772015, zhiliang@tup.tsinghua.edu.cn
   课件下载：https://www.tup.com.cn, 010-83470410
印 装 者：三河市铭诚印务有限公司
经   销：全国新华书店
开   本：185mm×260mm   印 张：12.25   字   数：282 千字
版   次：2024 年 4 月第 1 版   印   次：2024 年 4 月第 1 次印刷
定   价：39.00 元

产品编号：102489-01

前　言

作为一项实用型综合性技术，虚拟现实（Virtual Reality，VR）技术是以计算机技术为核心，综合三维图形技术、多媒体技术、仿真技术等，模拟出逼真的虚拟世界，让处于虚拟世界中的人产生身临其境的感觉。随着数字经济的蓬勃发展，VR产业正加速从"虚拟"走向"现实"，在游戏、影视、仿真、教育、医疗、工业设计等众多应用场景中大展身手、创新实践。

党的二十大报告明确提出，要"推动战略性新兴产业融合集群发展，构建新一代信息技术、人工智能、生物技术、新能源、新材料、高端装备、绿色环保等一批新的增长引擎"。虚拟现实技术作为新一代信息技术的代表，伴随5G商用的加速到来和"元宇宙"概念的兴起，将成为驱动数字经济发展和产业转型升级的关键技术，深刻改变人类生产生活方式。大力发展虚拟现实技术，已成为许多国家和地区的共同选择。自2018年10月起，世界VR产业大会已连续6年在江西省南昌市举办。作为发展新经济、培育新动能的重要突破口，江西省正通过搭建世界VR产业大会平台，推动产业国际交流，加快实现高质量跨越式发展。

本书全面贯彻落实党的二十大精神，以习近平新时代中国特色社会主义思想为指导，以立德树人为根本任务，紧扣高职高专人才培养目标，切实根据虚拟现实产业发展需求，积极培育新业态、新模式，扎实推进虚拟现实人才队伍的培养。

本书将虚拟现实技术应用中具有普遍性和代表性的知识、技术进行归纳，从普及和实践的角度出发，通过实例介绍虚拟现实的理论知识和应用场景，帮助读者学会使用专用工具软件进行初步开发。本书共6章，循序渐进地讲解VR的概念与发展趋势、VR系统的硬件组成、VR系统的相关技术和处理语言、VR的工具软件等，导学思路明晰，符合由浅入深的认识过程。

本书为校企双元合作开发教材，旨在普及与应用虚拟现实技术，将理论与实践相结合。考虑到高职学生的实际学习水平和学习能力，本书在内容结构的安排上兼顾了学生的专业知识要求和实践要求。

　　本书在编写过程中参阅了大量书籍和文献资料、相关教材教案及网络资源，在此向所有相关作者表示衷心的感谢！由于虚拟现实技术更新快，加上编者水平有限，书中难免有不妥之处，恳请各位专家、同行和读者批评指正。

编　者

2024 年 1 月

目 录

第1章

虚拟现实技术概论

学习目标

（1）掌握虚拟现实技术的定义。

（2）掌握虚拟现实技术的分类、特性。

（3）掌握 VR/AR/MR 的异同。

（4）了解虚拟现实系统的组成。

（5）了解虚拟现实技术中人的因素。

（6）了解虚拟现实技术与其他学科的关系。

（7）了解虚拟现实技术的研究状况与应用状况。

　　虚拟现实（Virtual Reality，VR）技术又称虚拟环境、灵境技术、赛博空间等，是一项起源于 20 世纪并发展起来的全新的计算机实用技术。虚拟现实技术是 20 世纪以来科学技术进步的结晶，集中体现了计算机图形学、计算机仿真技术、多媒体技术、物联网技术、人体工程学、人机交互理论、人工智能等多个领域的最新成果。虚拟现实技术以计算机技术为主，利用计算机和一些特殊的输入与输出设备营造出一个"看起来像真的、听起来像真的、摸起来像真的、嗅起来像真的、尝起来像真的"的多感官三维虚拟世界（虚拟环境）。在这个虚拟世界中，人与虚拟世界可进行自然的交互，并能实时产生与真实世界相同的感觉，使人与虚拟世界融为一体。在虚拟世界中，人们可以直接地观察与感知周围世界及物体的内在变化，并与虚拟世界中的物体进行自然的交互（包括感知环境并干预环境）。

虚拟现实从 Virtual Reality 一词翻译而来，Virtual 可以理解为"这个世界或环境是虚拟的，不是真实的，是由计算机生成的、存在于计算机内部的世界"；Reality 的含义是真实的世界或现实的环境。把两者合并起来就是虚拟现实。也就是说，虚拟现实是采用以计算机为核心的一系列设备，并通过各种技术手段创建出一个新的虚拟环境，让人感到就如处在真实的客观世界一样。

虚拟现实技术的发展与普及，对我们有十分重大的意义。它改变了过去人与计算机之间枯燥、生硬、被动的交流方式，使人机之间的交互变得更人性化，为人机交互接口开创了新的研究领域，为智能工程的应用提供了新的界面工具，为各类工程的大规模数据可视化提供了新的描述方法，同时也改变了人们的工作方式、生活方式及思想观念。虚拟现实技术已成为新的一种媒介、一门艺术、一种文化、一个产业。

科学界普遍认为，在 21 世纪，人类将进入虚拟现实的科技新时代，虚拟现实技术将是信息技术的代表，虚拟现实技术、理论分析、科学实验将成为人类探索客观世界规律的三大手段。

近年来，虚拟现实技术发展迅猛，特别是自 2016 年虚拟现实元年以来，江西南昌打响了全球 VR 产业的"第一枪"，VR 产业应用成为全球的一大热点，各大公司相继推出与虚拟现实相关的硬件与技术。随着 HTC、Oculus、SONY（索尼）三大头盔显示器产品的发售，越来越多的软件硬件公司纷纷投身于 VR 产业大潮，进一步推动了虚拟现实技术高速发展。

展望未来，VR 市场有着广阔的发展前景。随着 VR 技术的日趋成熟和 VR 概念的普及，VR 市场的需求将不断提升，"VR+ 各领域"的应用也将逐步展开，人们对 VR 产品的消费支出也将保持增长态势。

1.1　虚拟现实技术概述

1.1.1　虚拟现实技术的定义

关于虚拟现实技术的定义，主要分为狭义和广义两种。

狭义的定义认为，虚拟现实技术是一种先进的人机交互方式。在这一定义下，虚拟现实技术被称为"基于自然的人机接口"。在虚拟现实环境中，用户看到的是彩色的、立体的、随视点不同变化的景象；听到的是虚拟环境中的声响；感受到的是虚拟环境反馈给用户手、脚等身体部位的作用力，由此使用户产生一种身临其境的感觉。换言之，虚拟现实技术就是让用户通过感受真实世界的方式来感受计算机生成的虚拟世界，具有与真实世界一样的感觉。

广义的定义认为，虚拟现实技术是对多感官的三维虚拟世界的模拟。它不仅是一种人机交互接口，更主要的是对虚拟世界内部的模拟，使用户产生身临其境的感觉。

综上所述，可将虚拟现实技术的定义归纳如下：虚拟现实技术是指采用以计算机技术为核心的现代高科技手段，生成逼真的视觉、听觉、触觉、嗅觉、味觉等多模态的虚拟环境，用户可借助一些特殊的输入与输出设备，采用自然的方式与虚拟世界中的物体进行交互，相互影响，从而产生身临其境的感受和体验的技术。相比传统的计算机系统，虚拟现实技术主要有如下改进。

1. 人机接口设备的改进

传统的计算机系统通常采用键盘、鼠标、显示器、话筒、音箱等设备与人进行交互，这些接口设备能基本满足各种数据和多媒体信息的交互需求，以至于自计算机发明以来，人们一直采用以上设备进行人机交互，这类接口设备是面对计算机开发的，人们要操作计算机就必须学习这些设备的相关操作。而在虚拟现实系统中，强调基于自然的交互方式，采用的是三维鼠标、头盔显示器、数据手套、空间跟踪定位设备等，通过这些特殊的输入与输出设备，用户可以利用自己的视觉、听觉、触觉、嗅觉、味觉等来感知环境，用自然的方式与虚拟世界进行互动，这些设备不是专门为计算机设计的，而是专门为人设计的。这也是虚拟现实技术中最具特色的内容，充分体现了计算机人机接口的新方向。

2. 人机交互内容的改进

自从计算机于 20 世纪 40 年代被发明以来，最早的应用是数值计算。当时，计算机主要用来处理数值的计算。此后，计算机的功能扩大到处理数值、字符串、文本等各类数据。近二三十年来，计算机的功能进一步扩大到处理图形、图像、视频、动画、声音等多媒体信息。而在虚拟现实系统中，由计算机提供的不仅是数据和信息，还包括多媒体信息的"环境"，属于多模态数据，其以环境作为计算机处理的对象和人机交互的内容。人机交互内容的改进，开拓了计算机应用的新思路，体现了计算机应用的新方向。

3. 人机接口效果的改进

在虚拟现实系统中，用户通过基于自然的特殊设备进行交互，得到逼真的视觉、听觉、触觉、嗅觉、味觉等多模态的感知效果，使人产生身临其境的感觉，好像置身于真实世界中，这大大改进了人机交互的效果，同时也体现了人机交互的新发展要求。

4. 人机接口作用的变化

虚拟现实的人机接口有两个作用：一是给人类操作者提供环境信息（视觉、听觉和触觉等）；二是感知人类操作者的动作和响应（位置跟踪和映射）。前者包括视觉通道、听觉通道、触觉通道、运动接口和其他接口，后者包括位置跟踪和映射、语音识别等。

（1）位置跟踪和映射。位置跟踪和映射用于测量人体各部位的位置和姿态，分析判断人的面部表情，系统由此了解人的行为，然后做出适当的响应，实现交互。

这方面常用的技术包括机械链接、磁传感器、声传感器、光传感器和惯性传感器。系统通过这些传感器精确完成位置和姿态的测量。该功能对设备有三个主要的要求：大范围的线性响应、高带宽（1kHz）、捕捉头和身体的运动信息。

（2）视觉通道。视觉通道给人的视觉系统提供图形显示。为了提供身临其境的逼真感觉，视觉通道应该满足如下要求：显示的像素应该足够小，使人感觉不到像素的不连续；显示的频率应该足够高，使人感觉不到画面的不连续；要给两眼提供具有双目视差的图形，使人形成立体视觉；应该具有足够大的视场，理想情况是显示画面能充满整个视场。

视觉通道的显示表面分为基于 CRT（阴极射线管）的表面和基于 LCD（液晶显示器）的表面。视觉通道的光学系统分为头盔显示器（Helmet Mounted Display，HMD）和非头盔显示器（Over Head Display，OHD）。

（3）听觉通道。为了提供身临其境的逼真感觉，听觉通道应能让人识别声音的类型和强度，判定声源的位置。

听觉通道的关键技术包括合成由接口提供的虚拟声音信号，声音在虚拟空间定位，以及发声设备。

（4）触觉通道。触觉通道给人体表面提供触觉和力觉。当人体在虚拟空间中运动时，如果接触到虚拟物体，虚拟现实系统应该给人提供相应的触觉和力觉的反馈。

触觉通道涉及操作及感觉，包括触觉反馈和力觉反馈。触觉通道的结构分为安装在身体上的设备和安装在地面的设备。

（5）运动接口。人体在环境中的运动包括身体的被动运动（如在车上的运动）和身体的主动运动（如漫游、散步等）。感知人体运动信息的系统包括前庭系统、运动系统、视觉听觉系统、本体感受系统、动觉和触觉系统。

1.1.2　虚拟现实技术的发展历程

像大多数技术一样，虚拟现实技术不是突然出现的。在美国，它经过军事、企业及实验室长时间的研制开发后才进入民用领域。虽然它起源于 20 世纪 80 年代，但其实早在 20 世纪 50 年代中期就有人提出了类似的构想。当计算机刚在美国、英国的一些大学相继投入使用，电子技术还处于以真空电子管为基础的时候，美国电影摄影师莫顿·海利希（Morton Heilig）就成功地利用电影技术，通过"拱廊体验"让观众经历了一次沿着美国曼哈顿街道的想象之旅。但由于当时各方面的条件制约，例如缺乏相应的技术支持、没有合适的传播载体、硬件处理设备缺乏等，虚拟现实技术没有得到很大的发展。直到 20 世纪 80 年代末，随着计算机技术的高速发展及互联网技术的普及，虚拟现实技术才得到广泛的应用。

虚拟现实技术的发展大致分为三个阶段：20 世纪 70 年代以前是虚拟现实技术的探索阶段；20 世纪 80 年代是虚拟现实技术开始系统化，从实验室走向实用的阶段；20 世纪 90 年代初期至今是虚拟现实技术的高速发展阶段。

1. 虚拟现实技术的探索阶段

1929 年，在多年使用教练机训练器（机翼短，不能产生离开地面所需的足够提升力）进行飞行训练之后，埃德温·林克（Edwin A.Link）发明了简单的机械飞行模拟器，如图 1-1 所示。模拟器可在室内某一固定的地点训练飞行员，使乘坐者的感觉和坐在真的飞机上一样，受训者可以通过模拟器学习如何操控飞机。

图 1-1　1929 年，埃德温·林克设计用于训练飞行员的模拟器

1956 年，在全息电影原理的启发下，美国摄影师莫顿·海利希研制出了一套称为 Sensorama 的多通道体验的立体电影系统，如图 1-2 所示。这是一套只供单人观看，具有多种感官刺激的立体显示装置，它是模拟电子技术在娱乐方面的首次具体应用。它可以模拟驾驶汽车沿曼哈顿街区行驶，生成立体的图像、立体的声音效果，并产生不同的气味，座位也能根据"剧情"的变化摇摆或振动，还能让人感觉到有风在吹动。这套设备在当时非常先进，但观众只能观看而不能改变所看到的和所感受到的世界。也就是说，这套设备没有交互操作功能。1962 年，莫顿·海利希获得了单人使用立体电视设备的专利，Sensorama 被誉为 VR 的原型机。

图 1-2　Sensorama 立体电影系统

1965 年，计算机图形学的奠基者，美国科学家伊万·萨瑟兰（Ivan Sutherland）在国际信息处理联合会大会上，发表了论文《终极的显示》（*The Ultimate Display*）。文中提出了一种全新的、富有挑战性的图形显示技术，即观察者不通过计算机屏幕这个窗口来观看计算机生成的虚拟世界，而是直接沉浸在计算机生成的虚拟世界之

中，就像我们生活在现实世界中一样：随着观察者随意地转动头部与身体（即改变视点），他所看到的场景（即由计算机生成的虚拟世界）也会随之发生变化。同时，观察者还可以用手、脚等部位以自然的方式与虚拟世界进行交互，虚拟世界会产生相应的反应，从而使观察者有一种身临其境的感觉。

后来这一理论被公认为在虚拟现实技术发展中起着里程碑的作用，伊万·萨瑟兰也因此被称为"计算机图形学之父"，又被称为"虚拟现实之父"。伊万·萨瑟兰与他设计的头盔显示器如图 1-3 所示。

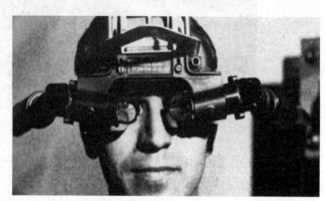

图 1-3　虚拟现实之父伊万·萨瑟兰与他设计的头盔显示器

1966 年，美国麻省理工学院林肯实验室在海军科研办公室的资助下，研制出了第一个头盔显示器。

1967 年，美国北卡罗来纳大学开始了一项计划，研究探讨力反馈（Force Feedback）装置。该装置可以将物理压力通过用户接口引向用户，使人感到一种计算机仿真力。

1968 年，伊万·萨瑟兰在哈佛大学的组织下开发了头盔显示器，该显示器使用了两个可以安装在眼睛上的阴极射线管（CRT）。他还发表了论文《头盔式立体显示器》（*A Head-mounted 3D Display*），文中对头盔显示器装置的设计要求、构造原理进行了深入的分析，并描绘出这个装置的设计原型，成为三维立体显示技术的奠基性成果。

1973 年，迈伦·克鲁格（Myron Krueger）提出了"人工现实"（Artificial Reality）一词，这是早期出现的描述"虚拟现实"的词。

1929—1973 年虚拟现实技术的发展情况如图 1-4 所示。

2. 虚拟现实技术的系统化阶段

20 世纪 80 年代，虚拟现实技术的基本概念开始形成。这一时期出现了 VIEW 系统等比较典型的早期虚拟现实系统。

20 世纪 80 年代初，美国国防部高级研究计划局（DARPA）为坦克编队作战训练开发了一套实用的虚拟战场系统 SIMNET。其主要目标是减少训练费用，提高安全性，另外也可减轻训练对环境的影响（爆炸和坦克履带会严重破坏训练场地）。这项计划的成果是产生了能让美国和德国的 200 多个坦克模拟器联成一体的 SIMNET 模拟网络，坦克编队可在这个网络中进行模拟作战。

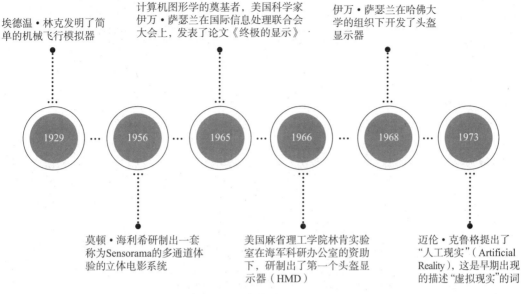

图 1-4　1929—1973 年虚拟现实技术的发展情况

1984 年，美国国家航空航天局（NASA）下属的艾姆斯研究中心虚拟行星探测实验室的麦格雷维博士（M.McGreevy）和汉弗莱斯（J.Humphries）博士组织开发了用于火星探测的虚拟世界视觉显示器，将火星探测器发回的数据输入计算机，为地面研究人员构造了火星表面的三维虚拟世界。在随后的虚拟交互世界工作站（VIEW）项目中，他们又开发了通用多传感个人仿真器和遥控设备。

1985 年，美国空军研究实验室和迪恩·科西安（Dean Kocian）共同开发了VCASS 飞行系统仿真器。

1986 年，弗内斯（Furness）提出了一个叫作"虚拟工作台"（Virtual Crew Station）的革命性概念；罗比内特（Robinett）与合作者发表了早期的虚拟现实系统方面的论文《虚拟环境显示系统》（*The Virtual Environment Display System*）；杰西·艾森劳布（Jesse Eichenlaub）提出开发一个全新的三维可视系统，其目标是使观察者不使用那些立体眼镜、头部跟踪系统、头盔等笨重的辅助设备也能看到同样效果的三维世界。2D/3D 转换立体显示器的发明使杰西·艾森劳布的这一愿望在 1996 年得以实现。

1987 年，詹姆斯·芙雷（James D.Foley）教授在具有影响力的《科学美国人》（*Scientific American*）杂志上发表了文章《先进的计算机接口》（*Interfaces for Advanced Computing*）以及一篇报道数据手套的文章，这些文章在当时引起了人们对该技术的极大兴趣。

1989 年，基于 20 世纪 60 年代以来所取得的一系列成就，美国 VPL 公司的创始人杰伦·拉尼尔（Jaron Lanier）正式提出了"Virtual Reality"一词。在当时，研究这项技术的目的是提供一种比传统计算机更好的仿真方法。

1980—1989 年虚拟现实技术的发展情况如图 1-5 所示。

3. 虚拟现实技术的高速发展阶段

进入 20 世纪 90 年代后，迅速发展的计算机硬件技术与不断改进的计算机软件系

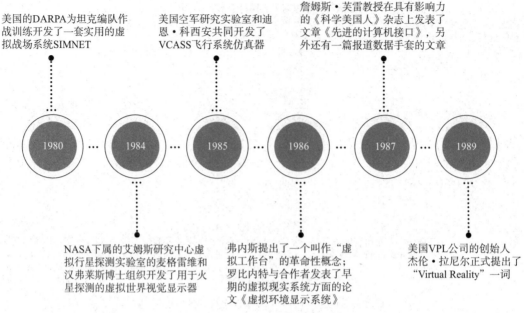

图 1-5　1980—1989 年虚拟现实技术的发展情况

统极大地推动了虚拟现实技术的发展，使得基于大型数据集合的声音和图像的实时动画制作成为可能，人机交互系统地设计不断创新，市场上不断地出现很多新颖、实用的输入 / 输出设备，所有这些都为虚拟现实系统的发展打下了良好的基础。

1992 年，美国 Sense8 公司开发了 WTK（World Tool Kit）开发包，让虚拟现实技术有了更高层次的应用。

1993 年 11 月，宇航员通过虚拟现实系统的训练，成功地完成了从航天飞机的运输舱内取出新的望远镜面板的工作。波音公司在一个由数百台工作站组成的虚拟世界中，用虚拟现实技术设计出由 300 万个零件组成的波音 777 飞机。

1996 年 10 月 31 日，世界上第一场虚拟现实技术博览会在伦敦开幕。全世界的人们都可以通过互联网坐在家中参观这个没有场地、没有工作人员、没有真实展品的虚拟博览会。

1996 年 12 月，世界上第一个虚拟现实环球网在英国投入运行，互联网用户可以在一个由立体虚拟现实世界组成的网络中遨游，身临其境般地欣赏各地风光，参观博览会，到大学课堂听讲座，等等。

2012 年，Oculus Rift 项目募集到了足够的资金，推出了价格低廉且具有广角和低延迟等沉浸体验的 VR 设备，迎合了市场的需求，拉近了设备和用户之间的距离。

2014 年，谷歌（Google）公司发布了一款 VR 眼镜 Google Cardboard，它可以让手机摇身一变，成为"VR 查看器"，用户以非常低廉的成本就能通过手机体验 VR 世界。谷歌的这一举措随即引发了"移动 VR"的爆发。

2014 年 3 月，脸书（Facebook）创始人扎克伯格在体验过 Oculus Rift 后，坚定地认为其代表了下一代的计算机平台，用 20 亿美元收购了 Oculus Rift VR 公司。该收购案引爆了 VR 领域的科技热潮。

2016 年 3 月，日本索尼公司宣布推出 PlayStation VR 套件；同年 10 月，该套件以比较低廉的价格开始销售。与 HTC Vive 和 Oculus Rift VR 套件相比，PlayStation VR 在硬件上没有优势，屏幕分辨率也不高，但价格更低。PlayStation VR 尽管不是最好的 VR 设备，却把 VR 带入了消费者的日常生活中。

21 世纪以来，虚拟现实技术的研究在中国开始迅速开展，在国家高科技"八六三"计划的支持下，有关虚拟现实技术的研究取得了巨大的成就，并开始在不同领域得到应用。

我国在虚拟现实核心关键技术产品研发方面取得了多项突破，部分技术走在了世界前列。例如，在交互技术上，我国解决了 VR 头盔被线缆束缚的问题，开发出全球首款 VR 眼球追踪模组。在光场技术上，光场拍摄系统实现了高精度三维建模，精度达到亚毫米级。在终端产品上，国产 VR 眼镜已经成功应用在"太空之旅"中航天员的心理舒缓项目上。

世界 VR 产业大会是由我国的工业和信息化部、江西省人民政府主办的每年一度的大会，其永久落户在江西省南昌市。大会聚焦 VR 发展的关键和共性问题，探讨解决之道和产业发展趋势；展示 VR 领域的最新成果、前沿技术和最新产品，推动行业应用和消费普及；搭建 VR 国际交流平台，引导全球资源和要素向中国汇聚。

2018 年 10 月，第一届世界 VR 产业大会以"VR 让世界更精彩"为主题，在江西省南昌市召开。大会活动包括开幕式、主论坛、平行论坛、产业对接等。主论坛以"虚拟现实定义未来信息社会"为主题。平行论坛围绕 VR 技术研究，包括产业生态、人工智能、IEEE 标准、5G 等主题论坛；围绕 VR 产业发展，包括投资路演、先进制造、动漫、文化旅游等主题论坛；围绕行业应用，包括教育培训、娱乐游戏、影视内容、新闻出版等主题论坛。

2019 年 10 月举行的 2019 世界 VR 产业大会以"VR+5G 开启感知新时代"为主题。微软、HTC、中国电信等多家知名企业都设立了展馆。大会期间举办的 VR/AR 产品和应用展览会的布展面积从 2018 年的 2 万平方米扩展到 6 万平方米，分为 VR/AR 产品和应用展区及通信电子展区。其中，VR/AR 产品和应用展区分别设置了教育图书、动漫卡通、影视应用、游戏体验、电子竞技五大应用展区及境外展团。通信电子展区主要展示了基于 VR、物联网、5G 等技术研发的产品。大会发布了《虚拟现实产业发展白皮书（2019 年）》（以下简称《白皮书》）。《白皮书》认为，技术成熟、消费升级需求、产业升级需求、资本持续投入、政策推动是促进 VR 产业快速发展的五大因素。图 1-6 所示为 2018 和 2019 世界 VR 产业大会现场。

如今，在 5G 技术的推动下，VR/AR+5G 发展迅速。作为第 5 代移动通信网络，5G 的理论峰值速率可达 10Gbit/s，比 4G 网络的传输速度快百倍。5G 所带来的先进特性不仅可以赋能手机，还可以成为更多终端类型和更多行业发展的驱动力，支持更多应用落地。这种高带宽、高速率也会对人们的日常生活和娱乐产生影响。VR 作为下一代移动计算平台，也将随着 5G 时代的到来迎来全面的发展和变革。图 1-7 所示为 20 世纪 80 年代末期至今虚拟现实技术的发展情况。

图 1-6　2018 和 2019 世界 VR 产业大会

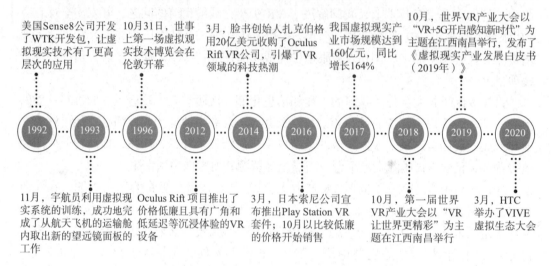

美国Sense8公司开发了WTK开发包，让虚拟现实技术有了更高层次的应用

10月31日，世事上第一场虚拟观实技术博览会在伦敦开幕

3月，脸书创始人扎克伯格用20亿美元收购了Oculus Rift VR公司，引爆了VR领域的科技热潮

我国虚拟现实产业市场规模达到160亿元，同比增长164%

10月，世界VR产业大会以"VR+5G开启感知新时代"为主题在江西南昌举行，发布了《虚拟现实产业发展白皮书（2019年）》

11月，宇航员利用虚拟现实系统的训练，成功地完成了从航天飞机的运输舱内取出新的望远镜面板的工作

Oculus Rift 项目推出了价格低廉且具有广角低延迟等沉浸体验的VR设备

3月，日本索尼公司宣布推出Play Station VR套件；10月以比较低廉的价格开始销售

10月，第一届世界VR产业大会以"VR让世界更精彩"为主题在江西南昌举行

3月，HTC举办了VIVE虚拟生态大会

图 1-7　1990 年至今虚拟现实技术的发展情况

1.1.3　虚拟现实系统的组成

一个典型的虚拟现实系统主要由计算机、输入/输出设备、应用软件系统和数据库等组成，如图 1-8 所示。

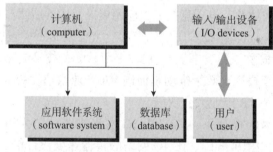

图 1-8　典型的虚拟现实系统

1. 计算机

在虚拟现实系统中，计算机是系统的心脏，被称为虚拟世界的发动机。它负责虚拟世界的生成、人与虚拟世界的自然交互等功能的实现。由于生成虚拟世界本身具有高度

复杂性，尤其在大规模复杂场景中，生成虚拟世界所需的计算量极为巨大，因此虚拟现实系统中的计算机对配置普遍有极高的要求。虚拟现实系统的计算机通常可分为高性能个人计算机、高性能图形工作站和超级计算机系统等。

2. 输入 / 输出设备

在虚拟现实系统中，用户与虚拟世界之间要实现自然交互、多模态交互，这是无法依靠传统的键盘与鼠标实现的，必须采用特殊的输入 / 输出设备来识别用户各种形式的输入，并实时生成相应的反馈信息。常用的输入 / 输出设备有用于手势输入的数据手套、用于语音交互的三维声音系统、用于立体视觉输出的头盔显示器、用于输出力量的力反馈设备等。

3. 应用软件系统

在虚拟现实系统中，应用软件完成的功能有：建立虚拟世界中物体的几何模型、物理模型、运动模型；生成三维虚拟立体声；建立触觉、嗅觉等环境；实现虚拟世界的人机交互；模型管理技术和实时显示技术、虚拟世界数据库的建立与管理等。

4. 数据库

虚拟现实系统的数据库主要存放的是整个虚拟世界中所有物体的各方面信息。在虚拟世界中包含的大量物体，都需要在数据库中有相应的模型。例如，在显示物体图像之前，需要有描述虚拟环境的三维模型数据库支持。

图 1-9 是基于头盔显示器的典型虚拟现实系统，由计算机、头盔显示器、数据手

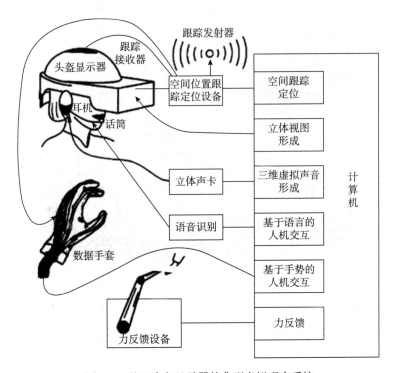

图 1-9　基于头盔显示器的典型虚拟现实系统

套、力反馈设备、话筒、耳机等组成。该系统首先由计算机运算生成一个虚拟世界，由头盔显示器输出立体的视觉显示，耳机输出立体的听觉显示，用户可以通过头的转动、手的移动、语音等方式与虚拟世界进行自然交互，计算机能根据用户输入的各种信息实时进行计算，即对交互行为进行反馈，由头盔显示器更新相应的场景显示，由耳机输出虚拟立体声音，由力反馈设备产生触觉（力觉）反馈。

虚拟现实系统应用最多的输入/输出设备是头盔显示器和数据手套。但是把使用这些专用设备作为虚拟现实系统的标志还不十分准确，虚拟现实技术是在计算机应用（特别是在计算机图形学方面）和人机交互方面开创的全新的学科领域，当前在这一领域我们的研究还处于初级阶段，头盔显示器和数据手套等设备只是当前已经实现虚拟现实技术的一部分虚拟现实设备，虚拟现实技术涉及的范围还很广泛，可用的输入/输出设备远不止这几种。

1.1.4 虚拟现实系统的分类

虚拟现实系统的主要特点在于系统与用户之间的界面，基于系统与用户界面，可将虚拟现实系统分成以下四种不同类型。

1. 桌面型虚拟现实系统

桌面型虚拟现实系统采用计算机屏幕作为立体显示载体，辅以一定的声音输出设备、三维交互设备和立体眼镜等，属于传统计算机图形学的自然扩展。桌面型虚拟现实系统如图 1-10 所示，它具有较高的性价比，但沉浸感略差。

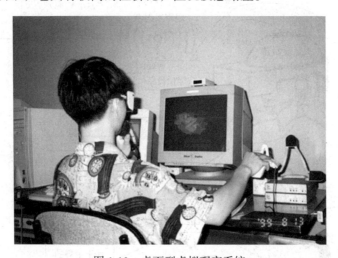

图 1-10　桌面型虚拟现实系统

2. 头盔型虚拟现实系统

头盔型虚拟现实系统利用头盔显示器等设备把用户的视觉、听觉与外界隔离开来，从而阻断人与外界的交流。头盔型虚拟现实系统如图 1-11 所示，它能让用户完全投入虚拟环境中，提供较好的沉浸感。

图 1-11　头盔型虚拟现实系统

3. 基于投影显示的虚拟现实系统

基于投影显示的虚拟现实系统可以利用大规模投影显示设备，让用户完全（沉浸式）或部分（半沉浸式）融入虚拟环境，如图 1-12 所示。其中沉浸式的典型代表是洞穴式自动虚拟环境（Cave Automatic Virtual Environment，CAVE）；半沉浸式的典型代表是工作台（Workbench）。

图 1-12　基于投影显示的虚拟现实系统

4. 遥在系统

遥在系统可将现实世界中的远程场景与操作人员的感官直接连通，让用户感觉就像亲临现场一样，如图 1-13 所示。遥在系统结合了计算机图形、人机交互、传感器、网络等技术，可以将远程传感器安装在机器人身上，通过感知用户位置、动作、语音等，将信息传送给远程对象，让用户能与远程对象进行双向的信息交流。

图 1-13　基于投影显示的虚拟现实系统及遥在系统

1.1.5　虚拟现实技术与其他技术

1. 虚拟现实技术与计算机图形学

计算机图形学（Computer Graphics，CG）是利用计算机研究图形的表示、生成、处理、显示的学科。它研究的基本内容是如何在计算机中表示图形，以及如何利用计算机进行图形的生成、处理和显示的相关原理与算法。它是计算机科学最活跃的分支之一，随着计算机技术的发展而发展，近 30 年来发展迅速、应用广泛。事实上，计算机图形学的应用在某种意义上标志着计算机软、硬件的发展水平。计算机图形学的研究内容非常广泛，例如图形硬件、图形标准、图形交互技术、光栅图形生成算法、曲线曲面造型、实体造型、真实感图形计算与显示算法，以及科学计算可视化、计算机动画、自然景物仿真、虚拟现实等。

虚拟现实技术的很多基础理论都源自计算机图形学，很多学术学科分类也把虚拟现实技术作为计算机图形学分类下的一个发展方向。目前，虚拟现实技术确实离不开图形学技术，并随图形学技术的发展而高速发展。但编者认为，虚拟现实系统是一个综合的系统，随着它的进一步发展，它不仅包括图形学的内容，还包括机械、电子、人工智能等多学科的内容。

2. 虚拟现实技术与多媒体技术

媒体（Media）通常包含两种含义：一种是指信息的物理载体（即存储和传递信息的实体），例如纸质的书、照片、磁盘、光盘、磁带及相关的播放设备等；另一种是指信息的表现形式（或称传播形式），例如文本、声音、图像、动画等。在计算机多媒体技术中所说的媒体，一般是指后者，即计算机不仅能处理文字、数值之类的信息，还能处理声音、图形、电视图像等各种不同形式的信息。国际电话电报咨询委员会（CCITT）把媒体分为以下五类。

（1）感觉媒体。感觉媒体是指直接作用于人的感觉器官，使人产生直接感觉的媒体。例如，引起听觉反应的声音，引起视觉反应的图像等。

（2）表示媒体。表示媒体是指传输感觉媒体的中介媒体，即用于数据交换的编码。例如，图像编码 (JPEG、MPEG 等)、文本编码（ASCII 码、GB2312 编码等）和声音编码等。

（3）表现媒体。表现媒体是指进行信息输入和输出的媒体。例如，键盘、鼠标、扫描仪、话筒、摄像机等为输入媒体，显示器、打印机、喇叭等为输出媒体。

（4）存储媒体。存储媒体是指用于存储表示媒体的物理介质。例如，硬盘、光盘、U 盘等。

（5）传输媒体。传输媒体是指传输表示媒体的物理介质。例如，网络电缆、光纤等。

多媒体的英文单词是 Multimedia，它由 multi 和 media 两部分组成，一般可理解为多种媒体的综合。多媒体技术不是各种信息媒体的简单复合，而是一种把文本、图形、图像、动画和声音等形式的信息结合在一起，并通过计算机进行综合处理和控制，能支持完成一系列交互式操作的信息技术。它具有集成性、交互性、非线性、实时性等特点。

多媒体技术与虚拟现实技术在多个方面都有相似之处，但两者之间的关系一直以来都存在着争论。

一些学者认为，多媒体技术应该包括虚拟现实技术，因为虚拟现实技术是一种通过计算机技术、传感技术、仿真技术、微电子技术表现出来的仿真科技产品，它着重于用数字模仿真实世界；多媒体技术则是一种综合的表现形式，只要把文本、图形、图像、动画和声音等形式的信息结合在一起进行的表现就可以统称为多媒体，所以虚拟现实技术只是多媒体技术中的一种表现形式。

另一些学者则认为，虚拟现实技术应该包括多媒体技术，因为多媒体技术的出现源于计算机 / 个人计算机的出现。多媒体技术使计算机能够交互式处理文字、声音、图像、动画、视频等多种媒体信息。为了实现这些目标，多媒体计算机配置了海量的存储器、声卡、3D 图形加速卡等硬件设备。然而，虚拟现实技术却不一样，它包括各种软硬件、附属设施，它不局限于计算机上的应用，还可以应用在视觉、听觉、触觉、嗅觉、味觉等媒体感觉上，应用范围较为广泛。因此，就其应用的范围而言，多媒体技术应该是虚拟现实技术的一个应用子集。就像 3D 空间的特例是 2D 空间一样，2D 技术实际上是 3D 技术的一个子集或者说是一个特殊应用。他们认为多媒体技术应该归属于虚拟现实技术的一个子集。"虚拟现实之父"伊万·萨瑟兰曾说过，多媒体技术再向前跨进一步，就必然进入"虚拟现实"的领域。

3. 虚拟现实技术与系统仿真技术

系统仿真技术是一种实验技术，它为一些复杂系统创造了一种计算机实验环境，使系统的未来性能测试和长期动态特性能在相对极短的时间内在计算机上得以实现。从实施过程来看，系统仿真技术通过对所研究系统的认识和了解，抽取其中的基本要素的关键参数，建立与现实系统相对应的仿真模型，经过模型的确认和仿真程序的验证，在仿真实验设计的基础上，对模型进行仿真实验，以模拟系统的运行过程，观察系统状态变量随时间变化的动态规律性，并通过数据采集和统计分析，得到被仿真的系统参数的统计特性，通过分析数据为决策提供辅助依据。

4. 虚拟现实技术与三维动画技术

虚拟现实技术源于人们对传统三维动画自由交互的渴望，虽然它在形式上和三维动画有些相似之处，但最终会替代传统的三维动画。举例来说，3ds Max 是三维动画制作的常用软件，其制作效果好，运行效率高，用户遍及全球。如果利用 3ds Max 渲染一张小区建筑效果图，需要几十秒的时间，而虚拟现实软件在同样的分辨率下，每秒就需要渲染几十帧这样的效果图，因为如果每秒不能达到 20 帧以上，就难以达到和人类实时交互的目的。这种效率是三维动画软件无法达到的。

房地产展示是这两项技术最常用的领域之一，目前，很多房地产公司采用三维动画技术来展示楼盘，其设计周期长，模式固定，制作费用高。因此有多家公司开始采用虚拟现实技术来进行房地产展示设计，其展示效果好，设计周期短，更重要的是它是基于真实数据的科学仿真，不仅可以达到一般的展示功能，而且可以把业主带入未来的建筑物内参观。例如，展示门的高度、窗户朝向、某时间段的日照、采光的多少、样板房的自我设计、与周围环境的相互影响等。这些都是传统三维动画技术所无法比拟的。虚拟现实技术与传统三维动画技术的比较如表 1-1 所示。

表 1-1　虚拟现实技术与传统三维动画技术的比较

项　目	虚拟现实技术	传统三维动画技术
场景的选择性	虚拟世界由基于真实数据建立的数字模型组合而成，严格遵循工程项目设计的标准和要求，属于科学仿真系统。用户亲身体验虚拟三维空间，可自由选择观察路径，有身临其境的感觉	场景画面由动画制作人员根据材料或想象直接绘制而成，与真实的世界和数据有较大的差距，属于演示类艺术作品。观察路径预先假定，无法改变
实时交互性	操纵者可以实时感受运动带来的场景变化，步移景异，并可亲自布置场景，具有双向互动的功能	只能像电影一样单向演示场景变化，画面需要事先制作生成，耗时、费力、成本较高
空间立体感	支持立体显示和 3D 立体声，三维空间感真实	不支持
演示时间	没有时间限制，可真实详尽地展示，并可以在虚拟现实基础上导出动画视频文件，可以用于多媒体资料的制作和宣传，性价比高	受动画制作时间限制，无法详尽展示，性价比低
方案应用灵活性	在实时三维世界中，支持方案调整、评估、管理、信息查询等功能，适合较大型复杂工程项目的规划、设计、投标、报批、管理等，同时具有更真实和直观的多媒体演示功能	只适合简单的演示

5. 虚拟现实技术与 5G 通信技术

第 5 代移动通信技术（5th Generation Mobile Communication Technology，5G）是最新一代蜂窝移动通信技术，也是 4G（LTE-A、WiMax）、3G（UMTS、LTE）和 2G（GSM）系统的延伸。5G 的性能目标是高数据速率、减少延迟、节省能源、降低成本、提高系统容量和大规模设备连接。Release-15 中的 5G 规范的第一阶段是为了适应早期的商业部署。

2019 年 10 月 31 日，我国三大电信运营商公布了 5G 商用套餐，并于当年 11 月 1 日正式上线。5G 技术的主要优势在于，其数据传输速率远远高于以前的蜂窝网络，最高可达 10 Gbit/s，比当前的有线互联网要快，比之前的 4G LTE 蜂窝网络快 100 倍。此外，5G 网络具有较低的网络延迟（更快的响应时间），最低可低于 1ms，而 4G 为 30 ~ 70ms。由于数据传输更快，5G 网络不仅能为手机提供服务，而且可为一般性的家庭和办公网络提供服务，与家庭有线网络形成竞争关系。

目前，增强性移动带宽、海量连接和高可靠、低时延是 5G 技术的核心特点。随着 5G 技术的成熟和主机云化，虚拟现实系统的应用成本可大幅降低。

2019 年 2 月 3 日（大年廿九），江西卫视春节联欢晚会重磅推出 5G+360° 8K VR 看春晚，这是电视史上首个基于 5G 网络传输的超清全景 VR 春晚。晚会现场部署了多台六目 8K 超高清全景摄像机进行同步拍摄，并通过联通 5G 网络实时回传，实现了超大带宽、超低时延、不掉帧、无卡顿。观众还可以直接用手机屏幕代替 VR 头显，用裸眼身临其境地观赏春晚高清画面。

我国首个国家级 5G 新媒体平台——中央广播电视总台"央视频"5G 新媒体平台在 2020 年实现了春节联欢晚会 VR 直播，打造科技"年夜饭"，实现全媒体时代收看春节联欢晚会的三维全景视角。总台依托 5G+VR 等创新型科技手段，打造了一个融合地面、空中、海面的立体空间图景，首创了虚拟网络交互制作模式（VNIS）。VNIS 系统可远程采集超高清分辨率的动态 VR 实景内容，通过 5G 等网络技术将高质量 VR 视频传输到总台"央视频"虚拟演播室的 VR 渲染系统，进行实时渲染制作，实现视觉特效与节目内容的无缝结合，图 1-14 为 2020 年央视春节联欢晚会现场的 VR 直播。

图 1-14　2020 年央视春节联欢晚会现场

2020 年，上亿网友通过 5G+VR/AR+4K 全景式旋转超高清镜头观看了武汉火神山、雷神山医院的建设场景，充当"云监工"。通过连续性提供的直播画面，网友如临现场，清楚地了解了火神山、雷神山医院的建设环境、建设流程、施工细节、工人施工动作和对话，将手中的"屏幕"变身"超级舆论场"，有效地监督着施工进度，见证了"中国速度"。

2020 年 4 月，中国三大电信运营商实现了对世界屋脊——珠穆朗玛峰的 5G 信号覆盖，中国电信联合"央视频"推出了 5G+VR/AR 慢直播，通过 4K 高清画面，以 VR 全景视角带广大网友观看珠穆朗玛峰日升日落的 24 小时，体验身临海拔 5000 米看珠穆朗玛峰的沉浸式感受。

1.1.6 虚拟现实技术的意义与影响

虚拟现实技术的广泛应用，能够实现人与自然之间和谐交互，扩大人对信息空间的感知通道，提高人类对跨越时空的事物和复杂动态事件的感知能力。虚拟现实技术把计算机应用提高到了一个崭新的水平，其作用和意义是十分重要的。此外，我们还可从更高的层次上来看待其意义和影响。

1. 在观念上，从"以计算机为主体"变成"以人为主体"

人们研究虚拟现实技术的初衷是"计算机应该适应人，而不是人适应计算机"。在传统的信息处理环境中，一直强调的是"人适应计算机"，人与计算机通常采用键盘与鼠标进行交互，这种交互是间接的、非直觉的、有限的，人要使用计算机必须先学习如何使用。而虚拟现实技术的目标或理念是逐步使"计算机适应人"，人机交互不再使用键盘、鼠标等，而是使用数据手套、头盔显示器等，人可以通过自然的视觉、听觉、触觉、嗅觉，以及形体、手势或言语等媒体形式，参与到信息处理的环境中，并获得身临其境的体验。人们可以不必意识到自己在同计算机打交道，而是可以像在日常生活中那样同计算机交流，这就把人从操作计算机的复杂工作中解放了出来。人在使用计算机时无须培训与学习，操作计算机也变得异常简单方便。在信息技术日益复杂、用途日益广泛的今天，虚拟现实技术对于计算机的普及使用和充分发挥信息技术的潜力具有重大的意义。

2. 在哲学上，使人进一步认识"虚"和"实"之间的辩证关系

事实上，虚拟现实技术在刚出现时便引起了许多哲学家的关注。人们开始以新的眼光重读以往的哲学史。古老的柏拉图的"洞穴之喻"可以说是一个"虚拟现实"问题。马克·斯劳卡在《大冲突》一书中说，虚拟体系将不断扩张，物质空间、个性、社会之类词汇的定义也将从根本上发生改变。现在人们已经可以在同一时间里与地球上不同地区的人通过某种界面相聚，在不远的将来相互"触摸"都将成为可能。这样一来，真实事物与技术制造的幻觉就变得无法分辨了，物质的存在变得可有可无，甚至成为一种假象。当虚拟比真实更逼真时，真实反而成了虚拟的影子，现实生活就成为一个完全符号化的幻象。在一些理论中，技术媒介不仅不需要模仿现实，而且本身就是现实。在数字仿真和实时反馈构成的现实世界图景中，虚拟与现实的模仿论关系被彻底颠倒。

3. 引起了一系列技术和手段的重大变革

虚拟现实技术的应用，改变了过去一些陈旧的技术，出现了新技术、改进产品设计开发的手段，极大地提高了工作效率，减小了部分工作的危险性，降低了工作难度，也使训练与决策的方式得以改进。

4. 促进了相关理论与技术的进步

虚拟现实技术的应用促进了硬件技术的进步，虚拟现实系统的建立与实现依赖高性能计算机等硬件设备，并极大地促进了计算机等硬件设备的高速发展。与此同时，虚拟现实技术的产生与发展，本身就依赖于其他技术的最新成果，同时，相关的软件与理论也随着虚拟现实技术的发展而高速发展。例如图形理论、算法与显示技术，图形、图像/视频和其他感知信号的处理与融合技术，传感器与信息获取技术，人机交互技术等。

5. 促进了计算机学科的交叉融合

由于虚拟现实系统建立的需要，人们设计出很多新型的硬件、软件与处理方法，这涉及计算机图形学、人体工程学、人工智能等多学科的综合应用。虚拟现实系统是一个综合的系统，虚拟现实技术的发展促进了计算机与其他相关学科的发展与融合。

6. 为人类认识世界提供了全新的方法与手段，对人类生活产生了重大影响

虚拟现实技术可以使人类跨越时间与空间去经历和体验世界上早已发生或尚未发生的事件；可以使人类突破生理上的限制，进入宏观或微观世界进行研究和探索；还可以模拟因条件限制等原因而难以实现的任务。

1.2　虚拟现实技术的特性

虚拟现实系统提供了一种先进的人机接口，它可以为用户提供视觉、听觉、触觉、嗅觉、味觉等多种直观而自然的实时感知交互的方法与手段，最大限度地方便用户操作，从而减轻用户的负担、提高系统的工作效率。其效率高低主要由系统的沉浸程度与交互程度来决定。美国科学家布尔代亚和菲利佩在 1993 年世界电子年会上发表了一篇题为"虚拟现实系统与应用"（"Virtual Reality System and Applications"）的文章，在该文中提出了一个"虚拟现实技术的三角形"的概念，该三角形表示虚拟现实技术具有的三个突出特征：沉浸性（immersion）、交互性（interactivity）和想象性（imagination），如图 1-15 所示。

图 1-15　虚拟现实技术的三个突出特性

1.2.1 沉浸性

沉浸性即用户感觉自己好像完全置身于虚拟世界之中，被虚拟世界所包围。虚拟现实技术的主要特征就是让用户觉得自己是计算机系统所创建的虚拟世界的一部分，使用户由被动的观察者变成主动的参与者，自觉沉浸于虚拟世界之中，参与虚拟世界的各种活动。具体包括视觉、听觉、触觉、嗅觉、味觉等方面。

1. 视觉沉浸

视觉通道给人的视觉系统提供图形显示。为了给用户身临其境的感觉，视觉通道应该满足以下要求：显示的像素应该足够小，使人感觉不到像素的不连续；显示的频率应该足够高，使人感觉不到画面的不连续；要提供具有双目视差的图形，形成立体视觉；要有足够大的视场，理想情况是显示画面能充满整个视场。另外，可将此系统与真实世界隔离，避免其受到外面真实世界的影响，用户可获得完全沉浸于虚拟世界的感觉。

2. 听觉沉浸

听觉通道是除视觉通道外的另一个重要感觉通道，如果在虚拟现实系统中加入与视觉同步的声音效果作为补充，就可以在很大程度上提高虚拟现实系统的沉浸效果。在虚拟现实系统中，主要让用户感觉到的是三维虚拟声音，这与普通立体声有所不同，普通立体声可使用户感觉声音来自某个平面，而三维虚拟声音可使用户感觉到声音来自围绕双耳的一个球形中的任何位置。虚拟现实系统也可以模拟大范围的声音效果，例如闪电、雷鸣、波浪等自然现象的声音。在沉浸式三维虚拟世界中，两个物体碰撞时也会出现碰撞的声音，并且用户能根据声音准确判断出声源在虚拟世界中的位置。

3. 触觉沉浸

在虚拟现实系统中，我们可以借助各种特殊的交互设备，使用户能体验抓、握等操作的感觉。当然，以目前的技术水平不可能达到与真实世界完全相同的触觉反馈，除非技术发展到能与人脑直接进行交流的程度。目前，我们主要侧重于力反馈方面。例如，使用充气式手套在虚拟世界中与物体接触时，能产生与真实世界相似的感觉。例如用户在打球时，不仅能听到拍球时发出的"嘭嘭"声，还能感受到球对手的反作用力，即手上有一种受压迫的感觉。

4. 嗅觉沉浸

嗅觉沉浸即人在与虚拟环境的交互过程中，虚拟环境可让人闻到逼真的气味，使人沉浸在此环境中，并能与此环境直接进行自然的互动及产生联想。

嗅觉在工业、医学、教育、娱乐、生活和军事等领域发挥着其他感知不可替代的作用。在电影行业，气味电影院可以让观众根据影片中的不同画面闻到不同的气味，让观众有身临其境的全新体验。在游戏行业，虚拟嗅觉技术可以根据游戏情节模拟游戏环境中的气味。

5. 味觉沉浸、身体感觉沉浸等

虚拟现实系统除了可以实现以上各种类型的沉浸，还可以实现身体的感觉沉浸、味觉沉浸等，但基于当前的科技水平，人们对这些沉浸性的形成机理还知之甚少，有待进一步的研究与开发。

例如，日本团队开发的味觉体验设备（图 1-16）能够通过电流振动舌头，从而刺激味蕾让人们感受到咸味。据报道，该研究团队目前已经将研究的味觉扩展到甜味。

图 1-16　味觉体验设备

1.2.2　交互性

在虚拟现实系统中，交互性的实现与传统的多媒体技术有所不同。在传统的多媒体技术中，自计算机发明以来，人机之间都是通过键盘与鼠标进行一维、二维的交互。而虚拟现实系统强调人与虚拟世界之间要以自然的方式进行交互，例如人的走动、头的转动、手的移动等，用户可以借助特殊的硬件设备（如数据手套、力反馈设备等），以自然的方式，与虚拟世界进行交互，实时产生与在真实世界中一样的感知，甚至连用户本人都意识不到计算机的存在。虚拟现实技术的交互性具有以下特点。

1. 人的参与与反馈

人是虚拟现实系统中一个重要的因素，人是产生一切变化的前提，正是因为有了人的参与和反馈，才会有虚拟环境中实时交互的各种要求与变化。

2. 人机交互的有效性

人与虚拟现实系统之间的交互基于具有真实感的虚拟世界，虚拟世界与人进行自然的交互。人机交互的有效性是指虚拟场景的真实感，真实感是有效交互的前提和基础。

3. 人机交互的实时性

实时性指虚拟现实系统能快速响应用户的输入。例如，头转动后能立即在所显示的场景中产生相应的变化，并且能得到相应的其他反馈；用手移动虚拟世界中的一个物体，物体位置会立即发生相应的变化。这些变化必须与人的交互行为实时进行，没有人机交互的实时性，虚拟环境就会失去真实感。

4.多模态交互

在虚拟世界中，人与键盘、鼠标等的交互很不自然，要达到更好的体验，人机必须通过基于自然的方式来进行交互。在最新的应用系统中，通常会采用多模态交互方式。所谓多模态即将多种感官融合。多模态交互打破了传统计算机依靠鼠标和键盘输入的交互模式，它通过文字、语音、体感、触觉、视觉、嗅觉、味觉等多种方式进行人机交互，充分模拟现实世界人与人之间的交互，如图 1-17 所示。在多模态交互过程中，用户能根据情境和需求自然地做出相应的与真实世界相同的行为，而无须思考过多的操作细节。自然的多模态交互削弱了人们对鼠标和键盘的依赖，降低了操控的复杂程度，使用户能够更专注于动作所表达的语义及交互的内容。多模态交互更亲密、更简单、更通情达理，也更具有美学意义。

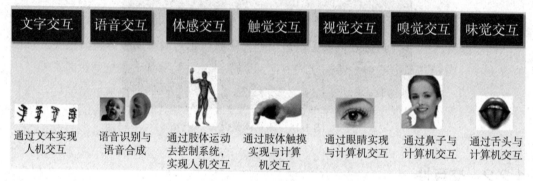

图 1-17　多模态交互方式

1.2.3　想象性

想象性是指虚拟的环境是人想象出来的，这种想象的环境体现的是设计者相应的思想，可以用来实现一定的目标。所以说，虚拟现实技术不仅是一种媒体或一种高级用户接口，还是为解决工程、医学、军事等方面的问题而由开发者设计出来的应用软件，通常它以夸大的形式反映设计者的思想。

虚拟现实技术的应用，为人类认识世界提供了一种全新的方法和手段。它既可以使人类突破时间与空间，去经历和体验世界上早已发生或尚未发生的事件，也可以使人类进入宏观或微观世界进行研究和探索，还可以使人类完成那些由于某些条件限制而难以完成的事情。

例如，在建设一座大楼之前，使用传统的绘制建筑设计图纸的方法，无法形象地展示建筑物更多的信息，而采用虚拟现实系统来进行设计与仿真，可以形象直观地展示建筑各种角度的细节信息。制作的虚拟现实作品反映的是设计者的思想，同时它的功能远比那些呆板的图纸生动强大得多，所以有些学者称虚拟现实技术是放大人们心灵的工具，或人工现实，这就是虚拟现实所具有的第三个特征，即想象性。

综上所述，虚拟现实系统具有"沉浸性""交互性""想象性"的特征，它使参与者能沉浸于虚拟世界之中，并与之进行交互。因此也有人说，虚拟现实系统是能让用户通过视觉、听觉、触觉等信息通道感受设计者思想的高级计算机接口。

1.3　虚拟现实与增强现实、混合现实

近十年来，随着计算机技术、网络技术、人工智能等新技术的高速发展及应用，虚拟现实技术也迅速发展，并呈现多样化的发展趋势，其内涵也已经极大地扩展，虚拟现实技术不仅指那些采用高档可视化工作站、高档头盔显示器等一系列昂贵设备的技术，而且包括一切与之有关的，具有自然交互、逼真体验的技术与方法。虚拟现实技术的目的是达到真实的体验和基于自然的交互，而一般的单位或个人不可能承受其硬件设备及相应软件的昂贵价格，因此一般来说，能达到上述部分目的的系统，就可以称为虚拟现实系统。

近年来，在虚拟现实技术的基础上，根据虚拟现实系统的相关特点，虚拟现实的概念有了进一步的扩展，形成了 VR、AR（增强现实技术）、MR（混合现实技术）等新技术，目前 VR 与 AR 技术在实际应用中最为广泛。

1.3.1　增强现实技术

沉浸式 VR 系统强调人的沉浸感，即让人沉浸在虚拟世界中，人所处的虚拟世界与现实世界相隔离，人们在虚拟世界中看不到真实世界，也听不到真实世界。而增强现实系统既可以允许用户看到真实世界，又可以让用户看到叠加在真实世界上的虚拟内容，它是把真实环境和虚拟环境融合在一起的一种系统，既可减少构成复杂真实环境的开销（因为部分真实环境由虚拟环境取代），又可以对实际物体进行操作（因为部分物体处于真实环境），真正达到了亦真亦幻的境界。在增强现实系统中，虚拟对象所提供的信息往往是用户无法凭借自身直接感知的深层信息，用户可以利用虚拟对象所提供的信息来加强在现实世界中的认知。

增强现实（Augmented Reality，AR）系统通过计算机技术，将虚拟的信息投射到真实世界，使真实的环境和虚拟的物体实时叠加，并能够在同一个画面或空间中同时存在。

增强现实主要具有以下三个特点：①真实世界和虚拟世界融为一体；②具有实时人机交互功能；③真实世界和虚拟世界在三维空间中是融合的。

增强现实系统可以在真实的环境中增加虚拟物体。例如，在室内设计中，可以在门、窗上增加装饰材料，通过改变各种式样、颜色等来审视最终的设计效果。增强现实技术是一种将真实世界信息和虚拟世界信息"无缝"集成的新技术，它把原本在现实世界的一定时间、空间范围内很难体验到的实体信息，通过计算机等科学技术，模拟仿真后再叠加，将虚拟的信息投射到真实世界，使其能够被人类感官所感知，从而达到超越现实的感官体验。

增强现实技术不仅展现了真实世界的信息，而且将虚拟的信息同时显示出来，两种

信息相互补充、叠加。在视觉化的增强现实中，用户利用头盔显示器，把真实世界与计算机图形多重合成在一起，便可以看到叠加在真实世界上的虚拟信息。

增强现实技术包含多媒体、三维建模、实时视频显示及控制、多传感器融合、实时跟踪及注册、场景融合等新技术与新手段。

按照实现原理不同，增强现实技术可以分为以下几类。

1. 基于标记的增强现实

这里的标记一般使用提前定义好的图案，通过手机、平板计算机的摄像头识别这些图案，识别后会自动触发（预设好的）虚拟的物体呈现在屏幕上，最早一般是采用二维码来作为触发 AR 内容的标记，其识别技术非常成熟，简单方便、识别速度快、成功率很高。此外，二维码图案还可以方便地计算镜头的位置和方向，在实际使用中为了显示效果，一般会将二维码进行覆盖。但在商业应用中不会使用需要预先设置且视觉体验较差的二维码作为标记，而是采用基于特定标记图像的增强现实，例如支付宝的 AR 实景红包就是这个原理。图 1-18 所示是使用特定图片作为标记的 AR 展示。

2. 基于地理位置服务的增强现实

基于地理位置服务的增强现实一般使用嵌入在手机等智能设备中的全球定位系统、电子罗盘、加速度计等传感器来提供位置数据，它最常用于地图类 App 中。例如，用户打开手机 App，开启摄像头对着街道拍照，屏幕上便可以显示附近的商家名称、评价等信息。如图 1-19 所示，增强现实也可以用来进行实景导航等。

图 1-18　基于标记的增强现实

图 1-19　基于地理位置服务的增强现实

3. 基于投影的增强现实

基于投影的增强现实系统直接将信息投影到真实物体的表面。例如，将手机的拨号键投影到手上，实现隔空打电话，如图 1-20 所示。

图 1-20　基于投影的增强现实

又如，用于汽车前挡风玻璃的平视显示器（Head Up Display，HUD），它可以将汽车行驶的速度、油耗、路况信息、导航信息等内容直接投影到前挡风玻璃上，驾驶员不需要低头去看仪表或者手机（这在高速驾驶时非常危险），就能便捷、全面地感知车况路况，提高驾驶安全性。

4. 基于场景理解的增强现实

基于场景理解的增强现实（图 1-21）是目前使用最广的，也是最有前景的 AR 展现形式。其中物体识别在场景理解中起着至关重要的作用，直接关系到最终呈现效果的真实感。

图 1-21　基于场景理解的增强现实

目前，增强现实系统常用于医学可视化、军用飞机导航、设备维护与修理、娱乐、文物古迹的复原等。典型的实例是医生在进行虚拟手术中，戴上可透视性头盔显示器，既可以看到手术现场的情况，又可以看到手术中所需的各种资料。

1.3.2　混合现实技术

混合现实（Mixed Reality，MR）技术是虚拟现实技术的进一步发展，该技术通过在虚拟环境中引入现实场景信息，在虚拟世界、现实世界和用户之间搭起一个交互反馈的信息回路，以增强用户体验的真实感，如图 1-22 所示。

图 1-22　混合现实系统

混合现实（包括增强现实和增强虚拟）是指合并现实和虚拟世界而产生的新的可视化环境。在新的可视化环境里，物理和数字对象共存，并实时互动。混合现实系统通常有三个主要的特点：①结合了虚拟和现实，将现实场景与虚拟场景进行叠加；②三维跟踪注册，对现实场景中的图像或物体进行跟踪与定位；③实时运行。

混合现实需要在一个能与现实世界各事物相互交互的环境中实现。如果一切事物都是虚拟的，那就是 VR；如果展现出来的虚拟信息只能简单地叠加在现实事物上，那就是 AR。MR 的关键点是能否与现实世界进行交互并及时获取信息。

1.3.3　VR、AR、MR 的异同

虽然 VR、AR、MR 都涉及现实世界与虚拟世界，但三者还是有本质的差别。

1. 与虚拟世界的关系不同

VR：使用者看到的虚拟世界是完全虚构的，用户需要佩戴头盔之类的设备，完全沉浸在一个虚拟空间里，把现实世界的视觉与听觉完全隔绝。

AR：使用者并未真正进入虚拟世界。AR 通过在真实物体上叠加虚拟的影像，与真实世界不完全隔绝。

MR：使用者分不清哪个是虚拟世界，哪个是现实世界。MR 就是将虚拟世界和现实世界混合在一起，包括增强现实和增强虚拟，使物理与数字对象共同存在于一个新的可视化环境中，并实时互动。

2. 表现特征和侧重点不同

VR 以想象为特征，创造能够与用户交互的虚拟世界，把人从精神上带到一个虚拟

世界中，重在实现"以假乱真"；AR 以虚拟与现实结合为特征，将虚拟物体、信息和现实世界进行叠加，实现对现实的增强，重在实现"亦真亦假"；MR 是合并现实和虚拟世界融合产生的新的可视化环境，重在实现"真假不分"。

3. 实现技术不同

VR 的视觉呈现方式是阻断人与现实世界的连接，通过设备实时渲染，营造出一个全新的虚拟世界；AR 的视觉呈现是在人眼与现实世界连接的情况下，通过叠加影像，加强其视觉呈现效果；MR 是虚拟现实技术的进一步发展，在虚拟世界、现实世界和用户之间搭起一个反馈的信息通道，以增强用户体验的真实感，如图 1-23 所示。

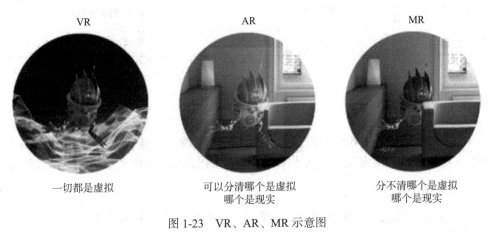

图 1-23　VR、AR、MR 示意图

另外，从概念上来说，VR 是纯虚拟数字画面，AR 是在裸眼现实之上添加虚拟数字画面，MR 是数字化现实加上虚拟数字画面，VR 是 AR 的子集，AR 是 MR 的子集。

1.4　虚拟现实技术中人的因素

在虚拟现实系统中，强调的是人与虚拟环境之间的交互作用，或者是两者的相互作用，从而反映出虚拟环境所提供的各种感官刺激信号及人对虚拟环境做出的各种反应动作。要实现"看起来像真的、听起来像真的、摸起来像真的、嗅起来像真的、尝起来像真的"的多感官刺激，必须采用相应的技术来"欺骗"人的眼睛、耳朵、鼻子、舌头等器官。因此，人在虚拟现实系统中是一个重要的组成部分。在虚拟现实系统的设计与实现过程中，人起着不可或缺的作用。同时，对一个虚拟现实系统性能的评价，主要体现在系统提供的接口与人配合的可信度如何、舒适度如何等方面。表 1-2 列出的是虚拟环境给人提供的各种感官刺激。本节主要介绍与虚拟现实技术相关的人的因素。

表 1-2　虚拟环境给人提供的各种感官刺激

人的感觉		人体器官	虚拟环境中的显示设备	作　用
视觉		眼睛	显示器、头盔显示器、投影仪等	感觉各种可见光
听觉		耳朵	耳机、喇叭等	感觉声音波
触觉	触觉	头、手、脚	触觉传感器	皮肤感知各种温度、压力、纹理等
	力觉		力觉传感器	肌肉等感知力度
嗅觉		鼻子	气味放大传递装置	感知空气中的化学成分
味觉		舌头	味觉传感器	感知液体中的化学成分
身体感觉		四肢等身体外部位等	数据衣等	感知肢体或身躯的位置与角度
前庭感觉		大脑	动平台	平衡感知

1.4.1　人的视觉

人的感觉有 80% ～ 90% 来自视觉，要实现虚拟现实的目的，首先要在视觉上进行模拟，其实质就是采用虚拟现实技术来"欺骗"人的眼睛，下面先来了解一下人的视觉。

1. 人的视觉模型

人的视觉是通过人眼来实现的。人眼是一个高度发达的器官，主要由角膜、前房、后房、晶状体、玻璃体及视网膜等组成，如图 1-24（a）所示。除视网膜外的其他部分共同组成了一套光学系统，使来自外界的物体的光线发生折射，在视网膜上形成倒置像，之后再由大脑将倒置像颠倒过来，如图 1-24（b）所示。

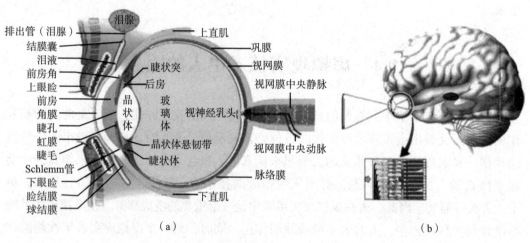

（a）　　　　　　　　　　　　　　　（b）

图 1-24　视觉系统生理结构图

2. 立体视觉

视觉的另一个重要因素是立体视觉能力，人在现实世界中看到的物体是立体的，这样可以感觉出被看物体的远近。

人的两眼位于头部的不同位置，两眼之间相距 6 ～ 8cm，因此在看同一个物体时，两眼会得到稍有差别的视图。左视区的信息，会送到两眼视网膜的右侧。在视交叉处，左眼的一半神经纤维交叉到大脑的右半球，左眼的另一半神经纤维不交叉，直接到大脑的左半球。这样，两眼得到的左视区的所有信息，都会送到右半球，在大脑中融合，形成立体视觉。图 1-25 所示为人类立体视觉形成的原理。

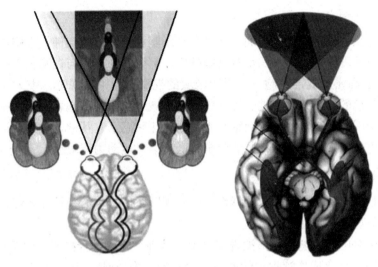

图 1-25 立体视觉形成原理

3. 屈光度

与眼的光学部分有关的一个度量是屈光度。一个屈光度为 1 的镜头，可以将平行光线聚焦在距离视网膜 1m 处。人眼的聚焦能力约为 60 屈光度，聚焦平行光大约在 17mm，这就是眼球尺寸，是晶状体和视网膜之间的距离。

人的屈光度是可以变化的，这被称为调节或聚焦，以确保无论物体远近，人都能看到清晰的图像。人们在注视运动物体时，可以自动调节屈光度。年轻人可以连续改变 14 个屈光度，年长后调节能力减弱。调节的作用是保证某个距离的物体清晰呈现，而其他距离的物体模糊呈现。这相当于滤波器的作用，使人集中关注视场中部分区域。而在头盔显示器中屈光度是不能调节的，两个图像一般都聚焦在 2 ～ 3m 处。

4. 瞳孔

瞳孔是晶状体前的孔，直径可变化，瞳孔的作用有两方面：①瞳孔放大时，眼睛中进入的光线比较多，可增加眼的敏感度，例如人在暗处瞳孔会放大；②当瞳孔缩小时可增近视觉的视距，看近处的物体会比较清楚，同时瞳孔可限制入射光，挡住眼睛周围的杂乱光线。

5. 分辨力

分辨力是人眼区分两个点的能力，通常分为黑白分辨力与彩色分辨力，人眼的彩色分辨力比黑白分辨力要低很多。

6. 明暗适应

人眼对亮度的变化感觉会自动调节，这是通过改变在视杆细胞和视锥细胞中光敏化合物的浓度来实现的。例如，从强光处进入暗处或照明忽然停止时，视觉光敏度逐渐增强，能够分辨周围物体的过程称为暗适应，一般人大概需要 40 分钟才能适应。亮适应则是指从暗处进入阳光下时的适应能力，人的亮适应能力很强，对视杆细胞的亮适应时间约为 1 小时，对视锥细胞的亮适应时间约为几分钟。

7. 周围视觉和中央视觉

视网膜不仅是被动的光敏表面，通过视杆细胞和视锥细胞与神经细胞连接，而且它有一定的图像处理能力，中央凹是视网膜的中心部分，在光轴与视网膜焦点附近，直径约为 1mm，有高密度视锥细胞。中央凹区域的视觉称为中央视觉，中央视觉是高分辨率部分，是彩色的、白天的视觉。视网膜周围区域包含视杆细胞和视锥细胞，这一区域的视觉称为周围视觉，这些神经细胞对光强的变化敏感，它帮助人们注意运动物体。周围视觉是单色的、夜间的视觉，虽然分辨率低，但对运动物体敏感。

8. 视觉暂留

人的眼睛具有保持视觉印象的特性，光对视网膜所产生的视觉在光停止作用后仍保留一段时间的现象称为视觉暂留。

视觉暂留是电影、电视、虚拟现实显示的基础，临界融合频率（CFF）效果会产生把离散图像序列组合成连续视觉的能力，CFF 最低为 20Hz，其大小取决于图像尺寸和亮度。例如，英国电视帧频为 25Hz，美国电视帧频为 30Hz，电影帧频为 24Hz。同时，人眼对闪烁的敏感与亮度成正比，因此，如果白天的图像更新率为 60Hz，则夜间只要 30Hz。

9. 视场

视场（FOV）指人眼能够观察到的最大范围，通常以角度来表示，视场越大，观测范围大。如果显示平面是在投影平面内的一个矩形，则视场是矩形四边分别与视点组成四个面围成的部分。一般来说，一只眼睛的水平视场大约为 150°，垂直视场大约为 120°，双眼的水平视场大约为 180°，重直视场大约为 120°。当双眼定位于一幅图像时，水平重叠部分大约为 120°。在实际的虚拟现实系统中，采用水平 ±100°，垂直 ±30°的视场，就可以给使用者很强的沉浸感。

1.4.2　人的听觉

听觉是人类感知世界的第二大通道，因此在虚拟现实系统中，除了要在视觉上进行模拟，还必须在听觉上进行模拟。其实质就是用虚拟现实技术产生的声音来欺骗人的耳朵，让人感觉听起来是真的，以作为视觉的补充，使虚拟现实系统的沉浸感进一步增强。当然，如果听到的声音与看到的场景不同步，就会加大人眩晕的感觉。在虚拟现实系统开发时，需要重视听觉的建模与开发，因此有必要认识人类的听觉系统。

1. 人类的听觉系统

如图 1-26 所示，人的耳朵分为外耳、中耳、内耳。外耳、中耳负责接收并传导声音，内耳负责感受声音和初步分析声音。所以，外耳、中耳合称为传音系统，而内耳及其神经传导路径则称为感音神经系统。

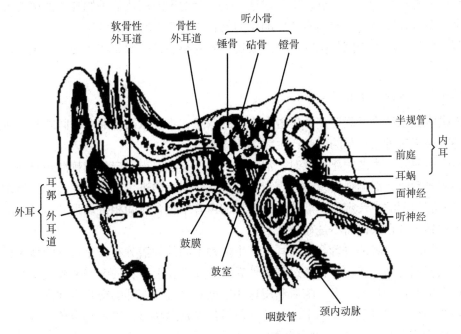

图 1-26 听觉系统模型

耳感受声音的过程就是听觉的产生过程，这是一个复杂的生理过程，它包括三个基本过程：①声波在耳朵内部的传递过程；②在声波传递过程中，由声波引起的机械振动转变为生物电能，同时通过化学递质的释放而产生神经冲动的过程；③听觉中枢对传入信息进行综合加工处理的过程。

2. 频率范围

人类能听到的声音大约有 40 万种，但是并不能听到所有的声音，这是因为人耳所能听到的声音会受到频率限制。

人耳能听到的最低频率约为 20Hz，最高频率约为 20000Hz，这是公认的理论值。随着人年龄的增加，能听到的频率范围也会缩小，特别是高频段范围会缩小。一般健康的年轻人所能听到的频率范围为 20～20000Hz；28 岁时为 22～17000Hz；40 岁时为 25～14000Hz；60 岁时为 35～11000Hz。

3. 声音的定位

一般认为，人脑利用两耳听到的声音的混响时间差和声音的混响强度差来识别声源的位置。

混响时间差是指声源到达两个耳朵的时间之差，人脑会根据到达两个耳朵的时间来判断声源位置，如果左耳先听到声音，就说明声源位于听者的左侧，即偏于一侧的声源的声音先到达较近的耳朵。当人面对声源时，两耳接收的声强和声音路径相等。当人向左转后，右耳的声音强度比左耳高，而且右耳更早听到声音。如果两耳路径之差为20cm，则时间差为0.6ms。

混响强度差是指声源对左右两个耳朵作用的压强之差，在声波的传播过程中，如果声源距离一侧耳朵比另一侧近，则到达这一侧耳朵的声波就比另一侧耳朵的声波大。一般来讲，混响强度因为时间因素产生的压力差较小，头部阴影效应所产生的压力差影响更显著，使到达较远一侧耳朵的声波比较近一侧要小。这一现象在人的声源定位机制中起着重要的作用。

4. 头部相关转移函数

人类听觉系统用于确定声源位置和方向的信息，不仅取决于混响时间差和混响强度差，还取决于对进入耳朵的声音产生频谱的耳郭。

研究表明，在声波频率较低时，混响压力强度很小，声音定位依赖混响时间差；当声波频率较高时，混响强度差会在声音定位中起作用。但进一步的研究表明，该理论不能解释所有类型的声音定位，即使进入双耳的声音中包含时间相位及强度信息，仍会使听者感觉到声音在头内而不是在身外。

声音相对于听者的位置会在两耳上产生两种不同的频谱分布，靠得近的耳朵通常感受到的强度相对高一些。并且通过测量外界声音及鼓膜上声音的频谱差异，获得声音在耳附近发生变化的频谱波形，随后利用这些数据对声波与人耳的交互方式进行编码，得出相关的一组转移函数，并确定出两耳的信号传播延迟特点，以此对声源进行定位，这种声音在两耳中产生的频段和频率的差异就是人耳对声音的第二条定位线索，被称为头部相关转移函数（HRTF）。在虚拟现实系统中，当无回声的信号由这组转移函数处理后，再通过与声源缠绕在一起的滤波器驱动一组耳机，就可以在传统的耳机上形成有真实感的三维音阶了。

理论上，头部相关转移函数因人而异，因为每个人的头、耳的大小和形状都各不相同。但该函数通常是从一群人获得的，因而它只是一组平均特征值。另外，由于头的形状和耳郭本身也会产生一些影响，因此，转移函数是与头相关的。事实上，头部相关转移函数的主要影响因素是耳郭，但除耳郭外还受头部的衍射和反射、肩膀的反射及躯体的反射等多方面因素的影响。

1.4.3 身体感觉

视觉与听觉是由光波或声波激起的，而身体感觉则是通过收集来自用户身体的信息，使人们知道身体状态及与周边环境的关系。例如，在黑暗中人们用手触摸物体能感觉到它的表面粗糙程度等属性。

1. 体感

身体感觉与如何感知表面的粗糙程度、振动、相对皮肤的运动、位置、压力、疼痛及温度等信息密切相关。大脑的体感皮层将分布在体表及深层组织内的感受器接收到的信号转化为各种感觉。图 1-27 所示为体感在大脑皮层上的映射图，它表明了身体各部分是怎样与皮层中的表面部位相连的。从图中可以看出，身体的不同部位与大脑皮层相连的顺序是：趾、脚、腿、臀、躯干、颈、头、肩、臂、小臂、腕、手、手指、眼、鼻、脸、唇、舌、咽喉及腹部。按刺激身体部位不同可分为以下 4 类感觉。

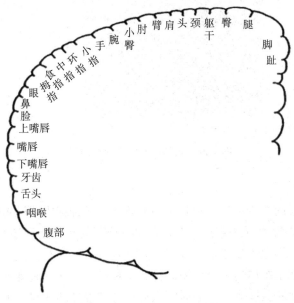

图 1-27　大脑皮层体感分布简图

（1）深度感觉。深度感觉提供关节、骨、健、肌肉和其他组织的信息，涉及压力、疼痛和振动。它以内部压力、疼痛和颤动等方式表现。当肌肉收缩、舒张时，这些结构内的感受器被激活，使人们知道躯体及四肢的空间状态。肌肉健康状况也很重要，当其出现问题时，保持站立姿势会有困难，神经系统的反馈机制也会因延时而受影响。

（2）内脏感觉。内脏感觉提供胸腹腔中内脏的状况，当身体出现问题时，主要的感觉形式是疼痛。这种感觉一般不是由外部引起的，而是由内脏器官内部病变所引起的。

（3）本体感觉。本体感觉提供身体的位置、平衡和肌肉感觉，也涉及与其他物体的接触。例如，通过这种感觉可判断人是站在地上还是躺在床上等。本体感觉接收器能提供接触时的信息。

（4）外感受感觉。外感受感觉是身体表面体验到的接触感觉信息，常见的外感受感觉有触觉与力觉。

图 1-28 所示为人体皮肤的内部结构。虚拟现实系统的触觉接口可直接刺激皮肤，产生接触感。人体具有约 20 种不同的神经末梢，一旦受到刺激就会给大脑发送信息，最普通的感知器是热感知器、冷感知器、疼痛感知器及压力（或接触）感知器，虚拟现实系统的触觉接口可以提供高频振动、小范围的形状或压力分布、热特性等，来刺激这些感知器。

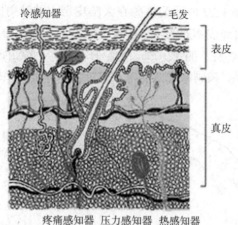

图 1-28   人体皮肤的内部结构图

2. 痛感

痛感是身体状态的警告信号，特别是当身体受到某种损害或压迫时，身体便发出这种警告信号。例如，身体遭到毒害，不管是源自外部的有毒物质还是体内产生的毒素，均以疼痛信号或某种不适（如恶心），向大脑发出警告。

皮肤表面和其他组织内包含着以游离神经末梢形式存在的感受器。当这些感受器受热或受化学物质（如缓激肽等）刺激时，人们会感到强烈的疼痛。人们还认为，当血流在肌肉处受阻时，缓激肽或乳酸就会引起疼痛。

3. 触觉

接触、压力及颤动感均由同一类感受器感知，触觉一般由皮肤及邻近组织内的感受器产生；压觉由皮肤及深层组织变形产生；制动感由感受器受周期性的刺激产生。触觉感受器包括游离神经末梢、麦斯纳氏小体、毛细胞、鲁菲尼氏小体及帕西尼小体。同时，痒感也是触觉的一种，这种感受器可以对很微小的刺激做出反应，例如小虫在身上爬动等。

4. 体位感

体位感与监视身体的静态和动态位置有关。关节、肌肉及深层组织内的感受器提供了对体位的感觉。但是关节角度的感觉并不仅仅涉及对关节角度做出反应的感受器，大脑根据来自位于皮肤、组织、关节及肌肉内的不同感受器的信号，将这些数据组合在一起来收集关于各个关节的信息，包括它们是静止的还是运动的，以及是否超出了它们的活动范围等。

从以上对体位感的粗略介绍中，可以看出用以监视身体接触及体位的感受是极其多样的。显然，我们在虚拟现实系统中不可能完全模仿出对虚拟物体做出的类似反应。我们日常活动中体验到的触觉信息大多来自于与空气及周围环境直接接触的皮肤。如果戴上手套，就会限制通过手进入的丰富的感觉信息源，因此任何以压力垫与虚拟物体接触的交互手套都只能看作对"接触"含义的粗略解释，不可能达到完全的虚拟。

毫无疑问，虚拟现实系统的触觉接口在目前还面临着巨大技术难题。然而，如果想要重建一个与真实触觉世界对应的虚拟世界，就要在开发合适接口方面进行努力。事实上，我们已经制造出各种可将压力信息反馈到用户指尖的手套，可用来补充视觉、听觉感受，增加虚拟现实系统的沉浸性。

1.4.4 健康与安全问题

在设计虚拟现实系统时，要遵循以人为中心的原则，充分考虑人的因素。例如，头盔显示器应能根据使用者双目之间的距离进行调节等。

就当前的技术来说，虚拟现实技术的发展还处在初级阶段，很多虚拟现实系统都无法避免眩晕这一问题。在头戴式虚拟现实设备中，能提供给使用者的感知只有视觉和听觉，但是对加速度、重力和景深等因素的感知，却是头戴式虚拟现实设备无法做到的，这种感知上的缺失往往是造成眩晕的原因。总的来说，虚拟现实系统会使人产生眩晕，主要有以下原因。

1. 视觉不清晰、景象刷新率低

一般来说，如果想要保证人感觉不到眩晕，虚拟现实系统设备输出的画面必须要有足够高的刷新率（120Hz 以上）以及足够高的分辨率（4K 及以上），但是就目前技术水平来说，能达到以上要求的设备成本普遍较高，很多头盔显示器的刷新率仅为 60Hz 或 90Hz，分辨率也在 2K 以下，这受制于头盔显示器及主机的处理能力。在近距离观看虚拟现实设备的屏幕的时候，分辨率低，屏幕会有明显的颗粒感。一般来说，需要把分辨率提高到 4K，甚至 8K，但这对主机的处理能力有着极为苛刻的要求。

延迟也是造成眩晕的原因之一，目前很多 VR 设备的延迟在 20ms 左右，即做出操作 20ms 后画面才会发生变化，20ms 的延迟差距对长时间佩戴头盔显示器的用户来说，是会产生严重眩晕的。

除此之外，还有图形畸变问题。游戏画面和头盔显示器里所呈现的画面并不完全一致，头盔显示器展示的画面会有一些畸变。即使厂家在此问题上投入了大量的研发成本，并应用反畸变算法优化了虚拟现实设备的成像，还使用了眼球追踪技术，图像边缘的畸变问题依然无法完美地得到解决。

2. 音画不同步

在用户的面前，一颗炸弹爆炸了，爆炸造成的碎片朝他迎面飞来，他在四处躲藏的同时，爆炸的声音却从他的身后传了过来，这就会对使用者的认知造成困扰。即便有时在产生时间上没有延迟，画面与声音在时间上同步，但也可能会发生声源位置与虚拟世界的位置不在同一个地方的情况。

3. 景深不同步

计算机生成三维立体图像的基本原理是在左右眼显示稍有不同的图像，从而生成立体效应，但这也导致了视轴调焦冲突。通常我们的眼睛会自动调节焦距，聚焦至很远或很近的物体上。而在虚拟世界的立体图像中，物体都在一个显示平面上，远近距离并不明显，但眼睛却要频繁调节焦距，导致无法判断哪些是要看的物体、哪些是要聚焦的物体。例如，在用户的面前有一张桌子，在桌子上，近处放了一个杯子，远处放了一个玩偶。用户看着近处的杯子，按理来说远处的玩偶应该是模糊不清的，但是现在，远处的玩偶也看得非常清晰。这时用户就会感到眩晕。

4. 环境等问题

虚拟世界大多是与外界完全隔离的。如果没有动作捕捉等设备，用户在一个与外界完全隔离的环境中其在现实世界的动作与在虚拟世界中的动作并不一致。例如，用户在虚拟世界中奔跑或飞行，但在现实中却一直坐着，这就会导致虚拟世界与现实世界不同步。或者用户在虚拟世界中坐过山车，随着过山车晃动，身体的感官也认为在晃动，但在现实世界中，用户却仍然在安稳地坐着，此时只有用户的大脑知道他在晃动，而身体却没有，大脑默默承受了很多负担，最后产生眩晕也就很容易理解了。

除此之外，三维位置跟踪器性能不良会导致其定位误差较大。定位出错造成的结果表现为被跟踪对象出现在它不该出现的位置上。也就是被跟踪对象在真实世界中的坐标与其在虚拟世界中的坐标不相符，这会导致用户在虚拟世界中的体验与其在真实世界中积累多年形成的经验相违背。跟踪器的定位误差将给用户造成一种类似于运动病的症状，包括眩晕、视觉混乱、身体乏力等。

总的来说，由于目前的虚拟现实设备所创造出来的虚拟世界还不够真实，还无法真正地欺骗大脑，受到困扰的大脑不堪重负，才会造成眩晕的问题。大多数虚拟现实系统在图像生成、跟踪及计算机物理仿真方面还存在延时，因此出现冲突的可能性非常大。更快的处理器将有助于解决这些问题，其他技术，例如预测算法的应用，可能有助于虚拟视觉系统与身体前庭器官的同步。

1.5　虚拟现实技术的研究状况

虚拟现实技术的问世，为人机交互等方面开辟了广阔的天地，同时也带来了巨大的社会效益与经济效益。人们从多媒体技术、网络技术的高速发展中得到启示，认识到了虚拟现实技术的重要性。随着计算机系统的性能迅速提高，其价格不断降低，推动了虚拟现实技术的发展和普及。同时，与虚拟现实相关的技术也日趋成熟，例如实时三维图形生成与显示技术、三维声音定位与合成技术、传感器技术、识别定位技术、环境建模技术、CAD 技术等，为虚拟现实技术的进一步发展提供了基础。现在，虚拟现实技术在商业性、实用性及技术创新上都有巨大的潜力。

人们已经意识到了虚拟现实技术的巨大应用前景，目前虚拟现实技术是几乎所有发达国家都在大力研究的前沿技术，它的发展非常迅速。在国外，虚拟现实技术研究方面做得较好的有美国、德国、英国、日本、韩国等。我国的浙江大学、北京航空航天大学、国防科技大学、中科院等单位在虚拟现实技术方面的研究工作开展得比较早，取得的相关成果也较多。

1.5.1 国外的研究状况

1. 美国

美国是全球虚拟现实技术研究最早、研究范围最广的国家。虚拟现实技术的大多数研究机构都在美国，大多数的虚拟现实硬件设备也产自美国。其研究内容涉及从新概念发展（如虚拟现实的概念模型）、某个单项关键技术（如触觉反馈）到虚拟现实系统的实现及应用等有关虚拟现实技术的各个方面。

美国国家航空航天局（NASA）于 20 世纪 80 年代初就开始研究虚拟现实技术，1981 年开始研究空间信息显示，1984 年开始研究虚拟视觉环境显示，并研制出新型的头盔显示器，后来又开发了虚拟界面环境工作站（VIEW）。

美国北卡罗来纳州立大学是进行虚拟现实研究最早的著名大学，其早期的主要研究方向是分子建模、航空驾驶、外科手术、建筑仿真。

美国斯坦福国际研究院（SRI）建立了"视觉感知计划"，研究高级的虚拟现实技术。1991 年后，SRI 进行了基于虚拟现实技术在军用飞机或车辆驾驶训练方面的应用研究，试图通过仿真来减少飞行事故。另外，SRI 还利用遥控技术进行了外科手术仿真的研究。

麻省理工学院（MIT）在研究人工智能、机器人、计算机图形学和动画方面取得了许多成就。麻省理工学院正在探索如何应用 VR/MR 技术，并成立了高级 VR 技术中心，该中心的使命是利用 VR 技术开拓创新体验。从 VR 到 MR 等都使用计算机技术在物理世界中构建富有想象力的体验。研究人员正在努力设计和理解这些系统对当前沟通、表达、学习、游戏和工作方式的影响。

2. 欧洲

英国、德国、瑞典、西班牙、荷兰等国都积极进行了虚拟现实技术的开发与应用。

英国在虚拟现实技术的研究与开发的某些方面，在欧洲处于领先地位。例如，分布式并行处理辅助设备（触觉反馈设备等）设计、应用研究等。

英国 BAE 航空公司正在利用虚拟现实技术设计高级战斗机座舱，BAE 开发的项目 VECTA 是一个高级测试平台，用于研究虚拟现实技术及考察用虚拟现实技术替代传统模拟器方法的潜力。VECTA 的一个子项目 RAVE 是专门为训练飞行员而设计的。

德国的虚拟现实技术研究以 FhG-IGD 图形研究所和德国计算机技术中心（GMD）为代表。它们主要从事虚拟世界的感知、虚拟环境的控制和显示、机器人远程控制、虚拟现实在空间领域的应用、宇航员的训练、分子结构的模拟研究等。

德国的计算机图形研究所（IGD）测试平台，主要用于评估虚拟现实对未来系统和界面的影响，向用户和生产者提供通向先进的可视化、模拟技术和虚拟现实技术的途径。

瑞典的 DIVE 分布式虚拟交互环境是一个基于 UNIX 的，能让在不同节点上的多个进程，在同一个世界中工作的异质分布式系统。

荷兰国家应用科学研究院（TNO）的物理电子实验室（TNO-PEL）有一个仿真训练组，一些仿真问题集中在该训练组进行研究。在 VR 研制中，TNO-PEL 使用了英国 Bristol 公司的 Pro Vision 硬件和 DVS 软件系统、Virtual Research 公司的头盔显示器和 Polhemus 公司的磁性传感器，同时使用头盔显示器与 Bristol 公司的鼠标器来跟踪动作。

3. 亚洲

在亚洲，日本的虚拟现实研究发展十分迅速，同时韩国、新加坡等国也在积极开展虚拟现实技术方面的研究工作。

日本是虚拟现实技术研究居于世界领先地位的国家之一，它主要致力于对建立大规模虚拟现实知识库的研究，另外也做了许多虚拟现实游戏方面的研究。

很早之前，东京大学的原岛研究室就开展了三项研究：人类面部表情特征的提取、三维结构的判定和三维形状的表示、动态图像的提取。东京大学的广濑研究室重点研究虚拟现实的可视化问题。为了克服当前显示和交互作用技术的局限性，研究人员开发了一种虚拟全息系统。东京大学的成果包括类似 CAVE（一种基于投影的沉浸式虚拟现实显示系统）系统、用头盔显示器在建筑群中漫游、人体测量和模型随动、飞行仿真器等。

筑波大学工程机械学院研究了一些力反馈显示方法。研究人员开发了九自由度的触觉输入设备并开发了虚拟行走原型系统，步行者只要脚上穿上全方位的滑动装置，就能交替迈动左脚和右脚。

富士通实验室研究了虚拟生物与虚拟现实世界的相互作用。工作人员还通过研究虚拟现实中的手势识别，开发了一套神经网络姿势识别系统，该系统可以识别姿势，也可以识别表示词的信号语言。

2019 年 11 月 12—15 日在悉尼举行的虚拟现实软件和技术研讨会（ACM），促进了虚拟现实技术的进一步发展。

1.5.2　国内的研究状况

随着计算机图形学、计算机系统工程等技术的高速发展，虚拟现实技术在近十年得到了极大重视，引起了我国各界人士的兴趣和关注。其中研究与应用 VR、建立虚拟环境、虚拟场景模型、分布式 VR 系统的开发正朝着深度和广度发展。国家已将虚拟现实技术研究列为重点攻关项目，国内许多研究机构和高校也都在进行虚拟现实的研究和应用并取得了不错的成果。

北京航空航天大学虚拟现实技术与系统国家重点实验室于 2007 年 5 月批准建设，实验室总体定位于虚拟现实的应用基础与核心技术研究，坚持以国家中长期科技发展规划纲要和国家"十二五""十三五"科技发展规划有关内容为指导，强调原始创新，重视系统研发，发挥实验室多学科交叉、军民应用背景突出的优势，为虚拟现实技术的发展和应用做出基础性、示范性、引领性贡献。实验室围绕我国经济与社会发展对虚拟现实技术的战略需求，结合国际虚拟现实方法与技术和虚拟现实开发支撑平台与系统进行研究。

该实验室是国内较早开展虚拟现实技术研究与应用的单位之一。其经过多年的建设和发展，围绕航空航天、国防军事、医疗手术、装备制造和文化教育五个领域的重大应用需求，瞄准虚拟现实国际发展前沿，深入进行理论研究、技术突破、系统研制和应用示范；培养和凝聚创新人才，加强实验室科研条件和环境建设；积极开展国内外学术交流和产学研合作，使实验室成为我国虚拟现实领域条件好、水平高、有影响力的国家级科研基地，发挥了技术带动和应用推动的作用。

浙江大学计算机辅助设计与图形学国家重点实验室为国家"七五"计划建设项目，于 1989 年开始建设，1992 年建成并通过国家验收。实验室主要从事计算机辅助设计、计算机图形学的基础理论算法及相关应用研究。实验室的基本定位是：紧密跟踪国际学术前沿，大力开展原始性创新研究及应用集成开发研究，使实验室成为具有国际影响的计算机辅助设计与图形学研究基地、高层次人才培养基地、学术交流基地和高技术辐射基地。实验室主要研究方向包括数据并行计算及其基础软件、虚拟现实图形与视觉计算、计算机辅助设计等。

北京师范大学虚拟现实与可视化技术研究所成立于 2005 年，主要研究方向为虚拟现实理论和可视化技术。团队科研人员在文化遗产数字化保护、三维医学与模型检索、颅面形态信息学与颅面复原、虚拟现实理论及工程学方法 4 个方面的应用研究中取得了一系列与国际、国内研究同步，又有广阔市场前景的科研成果，并致力于将这些成果推广应用，创造了一定的社会效益和经济效益。该研究所于 2007 年 9 月获批准成立教育部虚拟现实应用工程研究中心。研究所的文化遗产数字化保护方向研究团队于 2011 年获批为文化遗产数字化保护与虚拟现实北京市重点实验室。

国内在虚拟现实方面有较多研究成果的高校有：国防科技大学、北京理工大学、西安交通大学、哈尔滨工业大学、北京科技大学等，几乎所有的高校都有从事虚拟现实相关研究的实验室。国内在虚拟现实方面有较多研究成果的公司机构有：阿里巴巴 VR 实验室、京东 VR/AR 实验室、腾讯优图实验室、魅族未来实验室、小米探索实验室等。

此外，国内许多组织和网络社区也自发地对虚拟现实的软件与生态展开研究，青亭网、VR 陀螺等技术网站的兴起，为国内众多的虚拟现实爱好者建立了良好的学习氛围，并提供了有益的虚拟现实技术引导，它们在积极推动虚拟现实本土化的同时，在建筑漫游仿真、房地产交互展示、教育虚拟平台的应用系统开发等方面也取得了良好的效果，使虚拟现实的商业应用走向大众化和民用化。

1.5.3　目前存在的问题

虚拟现实技术是一门年轻的科学技术，虽然这个领域的技术潜力是巨大的，应用前景也十分广阔，但总体来说它仍然处于初级发展阶段，存在着许多尚未解决的理论问题和尚未克服的技术障碍。客观地说，目前虚拟现实技术所取得的成就，绝大部分还仅限于扩展计算机的接口能力，对于人的感知系统和肌肉系统与计算机的结合作用问题才刚刚入门，还未涉及更深层次的内容。

虚拟现实技术能够快速发展的原因之一在于，它充分利用了现在已经成熟的科技成果。例如，计算机为其提供了实时的硬件平台，显示设备利用了电视与摄像机的显示技术等,同时,虚拟现实也依赖其他相关技术的发展。虚拟现实当前的技术水平离人们心目中追求的目标尚有较大的差距,在沉浸性、交互性等方面,都需进一步改进与完善,这也需要相关行业的发展来支持。

虚拟现实技术在现实中的应用局限性较大,主要表现在以下几个方面。

1. 硬件设备方面

虚拟现实技术在硬件设备方面主要存在三个问题。

(1)相关设备普遍存在使用不方便,效果不佳等情况,难以达到虚拟现实系统的要求。例如,计算机的处理速度还不足以满足虚拟世界中实时处理巨大数据量的需要,对数据存储的能力也不足,基于嗅觉、味觉的设备还没有成熟及商品化。

(2)硬件设备品种有待进一步扩展,在改进现有设备的同时,应该加快新设备的研制工作。同时,针对不同的领域要开发能满足其应用要求的特殊硬件设备。

(3)虚拟现实系统应用的相关设备价格比较昂贵,且核心芯片缺失。例如,建设CAVE 系统的投资达百万元以上;一个专业头盔显示器需要数千元等。VR 行业中,最为核心的两种芯片是高分辨率微型显示芯片和低功耗高性能计算芯片。目前在高分辨率微型显示芯片方面,主要以索尼、Kopin 等厂家生产的为主;在低功耗高性能计算芯片方面,高通、英伟达等依然牢牢占据主导地位,国内厂家难以与之抗衡。

2. 软件方面

现在大多数虚拟现实软件普遍存在专业性较强、通用性及易用性较差的问题。同时,硬件设备的诸多局限性使软件的开发费用也十分巨大,而且软件所能实现的效果受到时间和空间的影响较大。很多算法及相关理论也不成熟,例如在新型传感和感知机理,几何与物理建模新方法,基于嗅觉、味觉的相关理论与技术,高性能计算(特别是高速图形图像处理),以及人工智能、心理学、社会学等方面,都有许多具有挑战性的问题有待解决。

目前 VR 内容制作效率不高,原因有两个,一是 VR 建模环节的工具和开发平台自动化、智能化程度不高;二是 VR 硬件不兼容,各厂家均采用各自的软件开发工具包(Software Development Kit, SDK),无法统一适配。提高 3D 建模(几何、图像、扫描等)的效率和自动化水平,研发标准应用程序接口和通用软件包是提高共享和研发效率的必要途径。此外,虚拟现实产业还面临底层软件平台缺失的问题,目前在所有的面向公众开放的、用于 VR 开发的主流软件引擎中,国产产品较少。

3. 实现效果方面

目前虚拟现实的实现效果可信度较差。这里的可信性是指创建的虚拟环境要符合人的理解和经验,包括物理真实感、时间真实感、行为真实感等。可信性较差具体表现在三个方面。①虚拟世界的表示侧重几何图形,缺乏逼真的物理行为模型;②在虚拟世界的感知方面,有关视觉、听觉的研究较多,对触觉、嗅觉,味觉的关注较少,真实性与实时性不足;③在与虚拟世界的交互中,自然交互性不够,基于自然的多模态交互效果还远不能令人满意。

4. 应用方面

现阶段虚拟现实技术的应用主要在军事、工业领域，在建筑、教育领域的应用也在逐渐增多。未来，虚拟现实技术要努力向民用方向发展，并在不同的行业发挥更大的作用。

1.5.4 今后的研究方向

虚拟现实技术研究的内容很广，基于现在的研究成果及国际上近年来关于虚拟现实研究前沿的学术会议和专题讨论，虚拟现实技术在目前及未来几年的主要研究方向有以下几个。

1. 多模态人机交互接口

虚拟现实技术的出现，是人机接口的重大革命，今后，业内将进一步开展独立于应用系统的交互技术和方法的研究，建立软件技术交换机构以支持代码共享和软件投资，并鼓励开发通用型软件维护工具。

2. 感知研究领域

从目前虚拟现实技术在感知方面的研究来说，视觉方面较为成熟，但图像质量还需进一步加强；听觉方面要加强听觉模型的建立，提高虚拟立体声的效果，并积极开展非听觉研究；在触觉方面，要开发各种用于人类触觉系统的基础研究和用于虚拟现实触觉设备的计算机控制机械装置。

3. 高效的虚拟现实软件和算法

虚拟现实技术要硬件、软件两条腿走路，在软件方面要积极开发满足虚拟现实技术建模要求的新一代工具软件及算法，研究虚拟现实语言模型、复杂场景的快速绘制及分布式虚拟现实技术。

4. 廉价的虚拟现实硬件系统

目前基于虚拟现实技术的硬件系统价格相对比较昂贵，这是虚拟现实应用的一个瓶颈。下一阶段主要研究方向是研究用于外部空间的低成本实用跟踪技术、力反馈技术、嗅觉技术并开发出相关的硬件设备，使硬件成本进一步降低。

5. VR 相关标准的制定

目前，各种开发工具引擎和 VR 文件格式导致 VR 系统的通用性较差。今后要大力加快虚拟现实核心关键技术的研发及与其他行业的融合，并加快修订相关标准，促进产业健康发展。

1.6 虚拟现实技术的应用

有关统计资料表明，虚拟现实技术目前在军事与航空航天、娱乐、医学、机器人方面的应用占据主流，其次是在教育及艺术方面，另外在可视化计算、制造业等领域的应用也有相当的比重，其中应用增长最快的是制造业。

1.6.1　军事与航空航天

1. 军事上的应用

虚拟现实技术的根源可以追溯到军事领域，军事领域十分看重仿真训练的重要性。军事应用是推动虚拟现实技术发展的原动力，直到现在依然是虚拟现实系统最大的应用领域。当前虚拟现实技术在军事领域的应用趋势是减少经费开支、提高演习效果和改善军用硬件的生命周期等。

《中央军委2020年开训动员令》中已经明确指出："强化新领域新力量融入作战体系训练，强化军地联训，加大训练科技含量"，虚拟现实技术在导弹等高技术复杂武器装备培训中的广泛应用指日可待。采用虚拟现实系统不仅可以提高军队的作战能力和指挥效能，而且可以大幅减少军费开支，节省大量人力、物力，同时保障人员的生命安全。

（1）军事训练方面。现在各国家都习惯采用实战演习的方式来训练军事人员，但是这种实战演习，特别是大规模的军事演习，会耗费大量的资金和军用物资，安全性较差，而且在实战演习条件下，很难通过改变状态来反复进行各种战场态势下的战术和决策研究。近年来，随着虚拟现实技术在军事上的应用，军事演习与训练在概念和方法上有了飞跃式的发展。

（2）武器装备研究与新武器展示方面。在武器设计研制过程中，可采用虚拟现实技术提供先期演示，检验设计方案，把先进的设计思想融入武器装备研制的全过程，从而保证总体质量和效能，实现武器装备投资的最佳选择。对于有些无法进行试验或试验成本过高的武器研制工作，也可由虚拟现实系统来完成，即使不进行武器试验，也能不断改进武器性能。

2. 航空航天方面的应用

众所周知，航天飞行是一项耗资巨大、变量参数很多、非常复杂的系统工程，其安全性、可靠性是航天器设计时必须考虑的重要问题。因此，利用将虚拟现实技术与仿真理论相结合的方法来模拟飞行任务或操作，可以代替某些费时、费力、费钱的真实试验或者真实试验无法开展的场合；利用虚拟现实技术经济、安全、可重复等特点，可以获得提高航天员工作效率、航天器系统可靠性的设计对策。

1.6.2　教育与培训

在"2020全球智慧教育大会"上，北京航空航天大学教授、中国工程院院士赵沁平指出："作为智慧教育重要的支持技术，虚拟现实技术具有沉浸感、交互性、构想性和智能化的特征，其对现有技术的颠覆性将催生新的教育教学方法和模式。"教育是虚拟现实技术非常重要的应用领域。虚拟现实技术可以实现很多设想中的教育教学环境，使学习者沉浸式体验学习对象和教学过程。

同时，虚拟现实技术和人工智能（AI）技术有着天然的关系，并呈现出"你中有我、我中有你"的融合发展趋势，从而有力地催生 AI 助教，促进高阶的探究式、自适应学习模式，拓展智慧教育场景应用，推动智慧教育的不断发展与深化。赵沁平认为，VR+AI 有可能成为终极性的教育技术，将对未来教育产生深远的影响。他建议要加强 VR、AI 应用于教育教学的相关研究，关注人工智能和虚拟现实环境对学生身心的影响和对社会的影响；并希望教育、人文社科领域的专家与科技界人士携手合作，研究"VR+AI+ 教育"，共同推动智慧教育的发展，培养面向未来的创新型人才。

虚拟现实技术在教育中的应用主要有以下几个方面。

1. 虚拟校园

虚拟校园是基于互联网、虚拟现实技术、网上虚拟社区和 3S 技术（遥感技术、地理信息系统、全球定位系统），对现实大学三维景观和教学环境的虚拟化和数字化。它是现实大学的三维虚拟环境，支持对现实大学的资源管理、环境规划和学校发展。

虚拟校园在很多高校都有成功的案例。例如，浙江大学已经展示了基于虚拟现实的 VR 校园系统，中国石油大学利用 GIS（地理信息系统）技术实现了校园 VR 漫游。清华大学、上海交通大学、北京大学、中国人民大学、山东大学、西北大学、西南交通大学、中国海洋大学、南昌大学等高校，都采用虚拟现实技术构建了虚拟校园。

网络的发展，虚拟现实技术的应用，使我们可以模拟校园环境。虚拟校园成为虚拟现实技术与网络、教育结合最早的具体应用之一，图 1-29 所示为江西科技师范大学的虚拟校园场景。

图 1-29　江西科技师范大学的虚拟校园场景

2. 虚拟演示教学与实验

虚拟现实技术在教学中应用较多，特别是在建筑、机械、物理、生物、化学等理工类学科课程教学中，虚拟现实技术的应用有着质的突破。它不仅适用于课堂教学，使之更加形象生动，也适用于互动性实验。很多大学都有虚拟现实技术研究中心或实验室。例如，浙江大学 CAD&CG（计算机辅助设计与图形学）国家重点实验室虚拟现实与多媒体研究室（与英国索尔福德大学、葡萄牙里斯本大学合作）在其承担的欧盟科技项目中，开发了基于虚拟人物的电子学习环境（ELVIS），用来辅助 9 ～ 12 岁的小学生进行故事创作。西南交通大学致力于工程漫游方面的 VR 应用，开发出了一系列有国际水平的计算机仿真和 VR 应用产品，在此基础上，还开发出了 VR 模拟培训系统和交互式仿真系统。中国科技大学运用 VR 技术，开发了几何光学设计实验平台，它运用计算机制作的虚拟智能仪器代替价格昂贵、操作复杂、容易损坏、维修困难的实验仪器，具有操作简单、效果真实、物理图像清晰、能着重突出物理实验设计思想的特点。

2018 年 5 月，由杭州师范大学潘志庚教授作为首席科学家承担的国家重点研发计划项目"多模态自然交互的虚实融合开放式实验教学环境"通过对中学主干课程实验教学中多种交互模型的融合共存、多模态交互意图的精确理解，提供复杂实验教学环境中虚实融合的实时仿真、多通道感知（视觉、听觉、触觉、嗅觉）的同步呈现，研究探究式学习过程建模与行为量化评估等科学问题，以期实现我国优质教学资源远程教育的共建共享，更好地阐释和展现科学原理，并开发新型的教学实验，以解决现有中学实验课程中探究性弱、自主性差、精准性低、实验成本高等系列难题。图 1-30 所示为项目讨论会会议 PPT 截图。

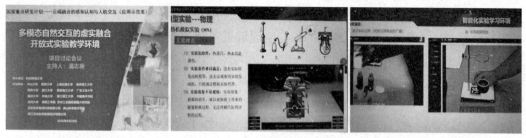

图 1-30　"多模态自然交互的虚实融合开放式实验教学环境"项目讨论会会议 PPT 截图

实践教育是世界高等教育的难题，同时也是中国高等教育的短板。教育部于 2018 年开始启动"国家虚拟仿真实验教学项目"，让学生在网上做实验，在虚拟世界中做真实验。首批公布的国家虚拟仿真实验教学项目有 105 个，涵盖生物科学、机械、电子信息、交通运输等八大类。例如，在上海交通大学，学生利用仿真实验对复杂小儿先心病进行模拟仿真练习。通过虚拟现实及 3D 打印技术，即可实时再现先心病解剖结构及手术场景，不仅大幅降低了以往收集实验样品的难度，也大幅缩短了培训时间，让原来做不到、做不好、做不了、做不上的实验和手术成为可能。虚拟仿真实验教学，解决了世界性的实验教学、实践教学、实训教学的难题，也有助于解决中国大学生动手能力不足的问题。

有关教育专家指出，持续推进虚拟仿真项目将对中国高等教育质量的提高产生极大的影响，为培养卓越拔尖人才提供了一个十分有效的手段。该技术在社会的广泛推广，将极大地促进教育公平方面的进步，对中国乃至世界的实践教育都会产生巨大的帮助。

3. 远程教育系统

随着互联网技术的发展、网络教育的深入，远程教育技术也有了新的发展，其具有真实性、互动性、情节化等特点，能有效地利用共享资源，还可以弥补远程教学条件的不足，彻底打破空间、时间的限制，虚拟历史人物、伟人、名人、教师、学生、医生等各种人物形象，创设一个人性化的学习环境，使接受远程教育的学生能够在自然、亲切的气氛中学习。远程教育可利用虚拟现实系统来虚拟实验设备，使学生足不出户便可以做各种各样的实验，获得与真实实验一样的体会，从而丰富认识，加深对教学内容的理解，同时避免了真实实验或操作可能带来的各种危险。

虚拟现实远程教学将传统的单向教育转化为认知交互和沉浸式体验模式，学生被带入微观或宏观的虚拟世界中，身临其境地观察、探究事物，这可以极大地激发学生的学习兴趣和好奇心，增强学生学习的主动性。它还可以将复杂和抽象的结构形象地展现出来，帮助学生更好地理解知识。VR远程教学可以提高学生的学习热情，很好地解决学生在家上课自制力差的问题。

4. 技能培训

将虚拟现实技术应用于技能培训可以使培训工作更加安全，并节约成本。比较典型的技能培训应用是训练飞行员的模拟器及用于汽车驾驶的培训系统（图 1-31）。交互式飞机模拟驾驶器是一种小型的动感模拟设备。舱体内前面是显示屏幕，并配备操纵手柄，在虚拟的飞机驾驶训练系统中，学员可以反复操作控制设备，学习在各种天气情况下驾驶飞机起飞、降落，通过反复训练，达到熟练掌握驾驶技术的目的。交互式汽车模拟驾驶器采用虚拟现实技术构造一个模拟真车的环境，通过视觉仿真、声音仿真、驾驶系统仿真，给驾驶学员以真车般的感觉，让驾驶学员在轻松、安全、舒适的环境中掌握汽车的常识，学会汽车驾驶，又可体验疯狂飞车的乐趣，集科普、学车及娱乐于一体。

图 1-31 模拟驾驶系统

在我国神舟系列载人飞船发射项目中，研究人员也采用模拟训练器来辅助发射训练工作，神舟飞船模拟训练器系统包括飞船系统、运载系统、监控系统、着陆系统等，对神舟系列载人飞船发射升空、白天和黑夜在空中的运行状态及返回着陆等进行模拟。

1.6.3 建筑设计与城市规划

在城市规划、建筑工程设计领域，虚拟现实技术是必需的开发工具。由于城市规划对关联性和前瞻性的要求较高，在城市规划中，虚拟现实系统可以发挥巨大的作用。许多城市都有自己的近期、中期和远期规划，在这些规划中，需要考虑各个建筑同周围环境是否和谐相容，新建筑是否同周围的原有建筑协调等问题，可以避免出现建筑物建成后，才发现它破坏了城市的原有风格和合理布局，造成不可挽回的损失的情况。

采用虚拟现实系统，可以让建筑设计师看到和"摸"到设计成果，而且方便随时修改，例如改变建筑高度，改变建筑外立面的材质、颜色，改变绿化密度等；并且可以所见即所得，只需要修改系统中的参数，而不需要像传统三维动画那样，每做一次修改都需要对场景进行一次渲染。虚拟现实系统支持多方案比较，可将不同的方案、不同的规划设计意图实时地反映出来，用户可以进行全面的对比。另外，虚拟现实系统可以快捷、方便地随着方案的变化而调整，辅助用户做出决定，从而大幅加快方案设计的速度和质量，节省大量的资金，这是传统手段如沙盘、效果图、平面图等不能达到的。

规划决策者、规划设计者、城市建设管理者及公众在城市规划中扮演着不同的角色，他们之间有效的合作是保证城市规划最终成功的前提。虚拟现实系统打破了专业人士和非专业人士之间的沟通障碍，为他们的合作提供了理想的沟通桥梁。运用虚拟现实技术能够使政府规划部门、项目开发人员、工程人员及公众通过统一的仿真环境进行交流，相关人员能更好地理解设计方的思路和各方的意见，能更快地找到问题，使各部门达成共识并解决一些设计中存在的缺陷，提高方案设计和修正的效率。

虚拟现实系统的沉浸感和互动性不但能够给用户带来强烈、逼真的感官冲击，使其获得身临其境的体验，还可以通过其数据接口与 GIS 信息相结合，即所谓的 VR-GIS，从而在实时的虚拟世界中随时获取项目的数据资料，方便满足大型复杂工程项目的规划、设计、投标、报批、管理等需要。此外，虚拟现实系统还可以与网络信息相结合，实现三维空间的远程操作。

1.6.4　娱乐、文化体育艺术

娱乐上的应用是虚拟现实技术应用最广阔的领域，从早期的立体电影到现代高级的沉浸式游戏，都有虚拟现实技术的参与。丰富的感知能力与 3D 显示使虚拟现实成为理想的视频游戏工具。由于在娱乐方面对虚拟现实的真实感要求不是太高，所以近几年来虚拟现实在该方面的发展较为迅猛。

作为传输显示信息的媒体，虚拟现实在未来艺术领域所具有的潜在应用能力也不可低估。虚拟现实所具有的临场参与感与交互能力可以将静态的艺术（如油画、雕刻等）转化为动态的，可以使观赏者更好地欣赏作者的思想艺术。另外，虚拟现实技术提高了艺术表现能力。例如，一个虚拟的音乐家可以演奏各种乐器，即使听众身处异地，也可以在家中的虚拟音乐厅欣赏音乐会。

1. 娱乐

浙江大学 CAD&CG 国家重点实验室开发了虚拟乒乓球、虚拟网络马拉松和轻松保龄球艺健身器等项目，并与国家体育总局合作进行体育训练仿真，开发了"大型团体操演练仿真系统""帆板帆船仿真系统"等项目，如图 1-32 所示。

图 1-32 轻松保龄球健身器和大型团体操演练仿真系统

宁波新文三维股份有限公司开发了室内高尔夫运动模拟器、虚拟比赛（模拟排球或足球比赛）系统、虚拟人脸变形系统、虚拟照相系统、虚拟主持人等项目。

随着由虚拟现实技术与社交媒体相结合打造的下一代在线社交娱乐平台的诞生，在不久的将来，人们足不出户就可以"遍步天下"，在缤纷绚烂的数字空间中参加国际性音乐会、音乐节等文娱活动，与各国友人一道，尽享沉浸式娱乐体验。

2. 艺术与传媒

艺术是虚拟现实技术可以发挥重要作用的另一个领域。虚拟现实是传达作者信息的新的表达媒介。此外，虚拟现实的沉浸感和交互性可以把静态艺术（如绘画、雕刻等）转换成观看者可以探索的动态艺术。

（1）虚拟博物馆与虚拟旅游。人们在自己家中就可通过网络进入电子博物馆。参观者可以浏览故宫，欣赏不列颠博物馆、卢浮宫或大都会艺术博物馆，不必去北京、伦敦、巴黎或纽约。现在很多博物馆建立了自己的网站，允许人们通过网络进行虚拟浏览。不必花费大量时间和金钱，坐在家中就可以游遍名胜古迹，这是不少人的梦想。现在，虚拟现实让这个梦想变成了现实，利用虚拟现实技术可以在网络上营造出一个逼真的场景，让使用者在虚拟世界里边走边看，实现虚拟旅游。

（2）虚拟音乐。东京早稻田大学已经研究出了"音乐虚拟空间"（Musical Virtual Space）系统。这个系统包含一个数据手套、带有 MIDI 转换器的麦克风、计算机、视频显示、MIDI 合成器和喇叭。作曲家用麦克风设置旋律音调，用数据手套选择和演奏虚拟乐器。数据手套将数据传送给计算机，如果作曲家的手在水平方向运动，则计算机理解为他希望演奏钢琴。虚拟钢琴被选定后，它的键盘就显示在用户前面的大屏幕上。钢琴键可以实时响应数据手套手指的弯曲，弹奏出乐曲。各种乐器都可以用这种方式转换，作曲家可以用这种方式创造一个合唱队或整个管弦乐队。

（3）虚拟演播室。虚拟演播室是一种典型的增强型虚拟现实技术的应用，它的实质是将计算机制作的虚拟三维场景与电视摄像机现场拍摄的人物活动图像进行数字化的实地合成，使人物与虚拟背景能够同时变化，从而实现两者天衣无缝的融合，以获得完美的合成画面，如图 1-33 所示。由于背景是计算机生成的，可以迅速变化，从而使丰富多彩的演播室场景设计可以通过非常经济的手段实现，提高了节目制作的效率和演播室的利用率；同时使演员摆脱了物理上的空间、时间及道具的限制，置身于完全虚拟的环境中自由表演。节目的导演可在广阔的想象空间中进行自由创作，使电视节目制作进入一个全新的境界。

图 1-33　虚拟演播室

　　目前市场上已有许多虚拟演播室产品。按照摄像机跟踪方式的不同，可以分为机械传感方式和图形识别方式。按照模型维度可以分为二维虚拟场景和三维虚拟场景。全球已经有很多套虚拟演播室系统。采用虚拟演播室，可以节省制作成本，保持前景和背景正确的透视关系，并且可依据想象力自由创作。

　　（4）虚拟演员。虚拟演员又被称为虚拟角色，广义上它包含两层含义，其一是用计算处理手法使已故的影星"起死回生"，重返舞台；其二是演员完全是由计算机塑造的，例如《玩具总动员》中的太空牛仔和蚁哥 Z-4195，它们的档案、肤色、气质、着装、谈吐完全是由幕后制作者控制的。

　　（5）虚拟世界遗产。文化遗产的数字化是虚拟现实技术的一个应用方向，对文化遗产的保护与复原具有重大的意义。运用虚拟现实技术手段可以将文物大量地制作成各种类型的影像，例如三维立体、动画、平面连续等，来展示文物生动的原貌。虚拟现实技术提供了脱离文物原件而表现其本来的重量、触觉等非视觉感受的技术手段，能根据考古研究数据和文献记载，模拟地展示尚未挖掘或已经湮灭了的遗址、遗存。网络技术能将这些文物资源统一整合起来，全面地向社会传播，而丝毫不会影响文物本身的安全。

　　（6）电影拍摄。电影拍摄中利用计算机技术已有数十年的历史，美国好莱坞电影公司主要利用计算机技术构造布景，利用增强型虚拟现实的手法设计出人工不可能做到的布景，例如雪崩、泥石流等。这不仅能节省大量的人力、物力，降低电影的拍摄成本，而且可以给观众营造一种新奇、古怪和难以想象的环境，并获得较高的票房收入。

1.6.5　商业领域

近年来，在商业方面，虚拟现实技术常被用于产品的展示与推销。采用虚拟现实技术可以全方位地对商品进行展览，展示商品的多种功能。另外，虚拟现实技术还能模拟商品工作时的情景，包括声音、图像等效果，比单纯使用文字或图片宣传更加有吸引力。这种展示也可用于互联网中，实现网络上的三维互动，为电子商务服务，同时顾客在选购商品时可以根据自己的意愿自由组合，并实时看到它的效果。

房地产及装饰装修业是虚拟现实技术应用的一个热点领域，在国内已有多家房地产公司采用虚拟现实技术进行小区、样板房及其装饰展示，并取得了较好的效果。

2016 年 11 月 1 日，淘宝 VR 购物产品 Buy+ 正式上线，如图 1-34 所示。互联网电商由单一模式进入沉浸式虚拟购物时代。VR 购物是阿里发布的全新购物方式，将 VR 技术和网购结合起来的 Buy+ 是其主要产品。Buy+ 利用三维动作捕捉技术捕捉消费者的动作并触发虚拟环境的反馈，最终实现在虚拟现实世界中的互动。简单来说，用户可以直接与虚拟世界中的人和物进行交互，甚至可以将现实生活中的场景虚拟化，成为一个可以互动的商品。

图 1-34　VR 购物

继淘宝 Buy+ 后，阿里又上线了支付宝 VR Pay，实现在支付宝中完成 3D 场景下的支付。用户在接入 VR Pay 的商家店铺内下单后，VR 界面内会跳出一个 3D 形态的支付宝收银台，用户可以根据所佩戴的 VR 硬件设备的操作特点，通过凝视、点头、手势等控制方法登录支付宝账户，并输入密码完成交易。

1.6.6　工业领域

随着虚拟现实技术的发展，其在工业领域也有广泛的应用。例如，在工业设计中，虚拟样机是利用虚拟现实技术和科学计算可视化技术，根据产品的计算机辅助设计（CAD）模型和数据及计算机辅助工程（CAE）仿真和分析的结果生成的一种具有沉浸感和真实感，并可进行直观交互的产品样机。在工业领域，虚拟现实技术目前主要应用在以下几个方面。

1. 产品的外形设计

汽车工业是工业领域中较早采用虚拟现实技术的行业。一般情况下，开发或设计一辆新式汽车，从初始设想到汽车出厂大约需要两年或更多的时间，当图纸设计好后，以往会用泡沫塑料或黏土制作外形模型，然后通过多次评测和修改，以及许多后续的工序去确定基本外形，检验空气动力学性能，调整乘客的人机工程学特性等。而采用虚拟现实技术可以随时对汽车外形进行修改评测，大幅缩短了制造周期。因为采用虚拟现实技术进行汽车的设计与制造不需要建造实体模型，所以可以简化工序，并根据 CAD 和 CAM 程序收集的有关汽车设计的数据库进行仿真。除汽车外，在其他产品（如飞机、建筑、家用电器、物品包装设计等）的外形设计中，虚拟现实技术也表现出了极大的优势。

2. 产品的布局设计

在复杂产品的布局设计中，通过虚拟现实技术可以直观地进行设计，甚至可以走入产品中，这样能够避免出现很多不合理问题。例如，工厂和车间设计中的机器布置、管道铺设、物流系统等，都需要该技术的支持。在复杂的管道系统，液压集成块设计中，设计者可以"进入"其中进行管道布置，检查可能的干涉等问题。在汽车、飞机的内部设计中，"直观"是最有效的工具，虚拟现实技术能够发挥不可替代的积极作用。

3. 机械产品的运动仿真

虚拟现实技术在产品设计阶段能够解决运动构件在运动过程中的运动协调关系、运动范围设计、可能的运动干涉检查等问题。

4. 虚拟装配

机械产品中有成千上万的零件要装配在一起，其配合设计、可装配性常常会出现偏差，这些偏差往往要到产品最后装配时才能被发现，造成零件的报废和工期的延误，企业则会因不能及时交货而造成巨大的经济损失和信誉损失。采用虚拟现实技术可以在设计阶段就进行验证，保证设计的正确性。

在汽车工业中，技术人员可以在虚拟现实技术的仿真过程中尝试装配汽车零部件。这样，在制造实际的零部件之前，就可以将各个零部件虚拟地装配在一起，以验证设计的有效性和可行性。

5. 产品加工过程仿真

产品加工是一个复杂的过程。产品设计的合理性、可加工性、加工方法和加工设备的选用、加工过程中可能出现的加工缺陷等，有时在设计时是不容易被发现和确定的，必须经过仿真和分析。通过仿真，可以预先发现问题，尽快采取措施，保证工期和产品质量。

6. 虚拟样机

在产品的设计、重新制造等一系列的反复试制过程中，许多不合理的设计和错误设计只能等到制造、装配过程中，甚至到样机试验时才能发现。产品的质量和工作性能也只能在产品生产出来，通过试运转才能判定。这时，很多问题已经无法更改了，修改设计就意味着部分或全部的产品需要报废或重新试制。因此，产品常常要进行多次试制才能达到要求，试制周期长，费用高。而采用虚拟制造技术，可以在设计阶段就对设计的方案、结构等进行仿真，解决大多数问题，提高一次试制成功率。用虚拟样机技术取代传统的硬件样机，可以大幅节约新产品开发的周期和费用，很容易地发现许多以前难以发现的设计问题。

1.6.7　医学领域

在医学领域，虚拟现实技术和现代医学的融合使虚拟现实技术开始对生物医学领域产生重大的影响。目前生物医学领域正处于应用虚拟现实技术的初级阶段，其应用范围包括建立合成药物的分子结构模型，各种医学模拟，以及进行解剖和外科手术教育等。在此领域，虚拟现实应用大致上分为两类。一类是虚拟人体，也就是数字化人体，这样的人体模型会帮助医生更加了解人体的构造和功能；另一类是虚拟手术系统，可用于指导手术的进行。

另外，在远程医疗中，虚拟现实技术也很有潜力，甚至可以对危急病人实施远程手术。医生对病人模型进行手术，他的动作可以通过卫星传送到远处的手术机器人。手术的实际图像可以通过机器人上的摄像机传回至医生的头盔显示器，并将其和虚拟病人模型进行叠加，即通过增强现实式虚拟现实系统，为医生提供有用的信息。

综上所述，虚拟现实技术的特点使其与医学领域高度契合，虚拟现实技术有望成为医学领域最有前景的三维可视化解决方案，在临床治疗、医学教学、手术导航及新型药物的研制等方面都能发挥重要作用。

总的来说，虚拟现实技术是一个充满活力、具有巨大应用前景的高新技术，但目前还存在许多有待解决与突破的问题。为了提高系统的交互性、逼真性和沉浸感，虚拟现实技术在新型传感和感知机理、几何与物理建模新方法、高性能计算，特别是高速图形图像处理，以及人工智能、心理学、社会学等方面都需要进一步提升。我们坚信人类在这一高新技术领域将会大有作为。

习题

1. 什么是虚拟现实技术，它有哪几个重要的特性？
2. 什么是虚拟现实系统，它由哪些部分组成，各有什么作用？
3. 虚拟现实系统有哪几种类型，各有什么特点及应用？
4. 虚拟现实技术对信息技术的发展会产生什么影响？

第 2 章

虚拟现实系统的硬件设备

学习目标

（1）掌握虚拟现实系统中硬件的构成。

（2）了解不同感知下的虚拟现实设备。

（3）了解人机交互设备。

（4）了解目前市场中的虚拟现实设备。

虚拟现实系统的硬件设备是生成虚拟环境，是操控者能与之进行交互的必备条件之一。其主要是由感知设备、基于自然的交互设备、位置跟踪设备、生成设备这四个主要部分组成。

感知设备是将虚拟世界输出的各种信号转变为人能接收的信号的设备，通常包括视觉感知、听觉感知、触觉感知、味觉感知、嗅觉感知等设备。

在虚拟世界中，无论是人与人的交互还是人与虚拟世界中物体的交互，如果要达到与真实世界相同的感觉，就必须采用自然的方式，这就需要一些基于自然的交互设备，通常包括数据手套、力反馈设备等。

位置跟踪设备是检测相关设备或人在三维空间的位置，对其在空间中的位置进行跟踪与定位的装置，一般与其他虚拟现实设备结合使用。

生成设备负责生成虚拟世界的模型，并要求具有实时绘制能力，通常是一台或多台运行速度快且带有图形加速器的计算机。

2.1　感　知　设　备

在虚拟现实系统中，使用者置身于虚拟世界中，要让使用者有沉浸的感觉，虚拟世界必须能提供与使用者在现实世界中相同的感受。感知设备的作用是在虚拟世界中，将各种感知信号转变为人所能接受的多通道刺激信号，目前主要开发的是基于视觉、听觉和触觉感知的设备，基于味觉、嗅觉等感知的设备还有待开发研究。

本章将介绍在虚拟现实环境下实现人体各种感知与交互的设备，包括视觉感知设备、听觉感知设备、触觉感知设备、味觉感知设备、嗅觉感知设备等。

2.1.1　视觉感知设备

眼睛是人类接受外部信息最直接、最重要的感觉器官。虚拟现实系统的视觉感知设备主要向操控者提供立体视觉的场景显示，并且这种场景的变化是实时的。视觉感知设备也称显示设备，是一种计算机接口设备，主要作用是把合成的图像展现给在虚拟世界进行交互的用户，视觉感知设备是最为常用，也是虚拟现实输出设备中最为成熟的设备之一。

现实世界是真正的三维立体世界，而现有的显示设备绝大多数都只能显示二维信息，并不能给人深度视觉。为了使显示的场景和物体具有三维的深度视觉，人们在各方面进行了尝试。显示技术的研究经历了十几年的发展，取得了十分丰硕的成果，包括各种 3D 立体眼镜、头盔显示器及现在最新的不需要眼镜的裸眼立体显示器等。

1. 头盔显示器

头盔显示器（HMD）是虚拟现实系统中采用最普遍的一种立体显示设备，是目前 3D 显示技术中起源最早、发展最为完善的技术之一，也是现在应用最为广泛的 VR 显示技术。其沉浸式强，交互方式多样，符合人眼视觉习惯。

头盔显示器通常配有位置跟踪设备，用于实时检测头部的位置与朝向，并反馈给计算机。计算机根据这些反馈数据生成反映当前位置与朝向的三维图像场景，并实时显示在头盔显示器的屏幕上。它通常采用机械的方法固定在体验者的头部，也就是头与头盔之间相互固定，当人的头进行运动时，头盔显示器也会随着头部的运动而运动。与此同时，头盔显示器将人与外部世界的视觉和听觉封闭，引导体验者产生全身心处于虚拟环境中的感觉。目前主流的头盔定位追踪技术主要有两种，分别是外向内追踪技术（Outside-in Tracking）和内向外追踪技术（Inside-out Tracking）。现阶段的头盔显示器主要有以下几种产品。

（1）手机 VR 盒子。手机 VR 盒子又称 VR 眼镜，是最简单、成本最低的 VR 体验设备。2014 年谷歌公司推出了一个新设备——Google Cardboard（图 2-1）。该设备能让体验者通过手机感受到虚拟现实的魅力。

图 2-1　Cardboard 简易 VR 头盔

　　Cardboard 可以将手机里的内容进行分屏显示，让使用者两只眼睛看到的内容有视差，从而产生立体效果，通过使用手机摄像头和内置的螺旋仪，体验者在移动头部时能让眼前显示的内容也产生相应变化。

　　近年来，在 Cardboard 的基础上，很多公司都推出了类似的 VR 盒子。为了提高耐用性和舒适性，达到低成本玩 VR 的目的，市场上出现了很多塑料成型的 VR 盒子，例如暴风魔镜、小米 VR 眼镜等产品，如图 2-2 所示。

图 2-2　不同品牌 VR 盒子

　　近年来，VR 盒子增加了一些功能。例如有的设备增加了触控操作面板或手柄，改进了镜片雾化的干扰，增大了眼镜内部空间，让体验者可以带着普通眼镜看 VR。但是 VR 眼镜画面的大小是根据手机尺寸决定的，而且反馈出来的视觉效果上下有黑色边框，手机的分辨率和刷新率难以达到 VR 的要求，颗粒感和眩晕感严重，让体验大打折扣，因此此类设备属于 VR 体验的入门级产品。

　　（2）一体式头盔显示器。VR 一体机是具备独立处理器的虚拟现实头戴式显示设备，具有独立运算、输入和输出的功能。它的功能不如外接式 VR 头盔显示器强大，但是没有连线束缚，自由度更高。

　　华为 VR Glass 一体机是华为公司研发的一体式 VR 眼镜，如图 2-3 所示。该眼镜使用了超短焦光学模组，机身厚度仅 26.6mm，含线控重量约 166g，属于 VR 眼镜中较轻的设备。在眼镜的配置上，华为 VR Glass 有两块独立的 2.1 英寸 Fast LCD 显示器，0°～ 700°单眼近视调节，配有 3K 高清分辨率，最高达 90°视场角，可以大幅减少延迟感和颗粒感，改善画面拖影。

图 2-3　华为 VR Glass 一体机

Vive Focus 是 HTC Vive 全新推出的革命性 VR 一体机，如图 2-4 所示。它搭载高通骁龙 835 处理器、超高清 AMOLED 屏幕，采用内向外追踪技术，支持六自由度空间定位，可实现 World-Scale 大空间定位，有极好的 VR 体验。

图 2-4　Vive Focus 一体机

Oculus Quest 是马克·扎克伯格于 2018 年 9 月在 Oculus Connect 5 大会上宣布推出的 VR 无线一体机，如图 2-5 所示。Oculus Quest 头显屏幕采用 OLED 显示屏和菲涅尔透镜，视场角约为 100°。IPD 调节范围是 58 ~ 72mm，重量为 517g。Oculus Quest 搭载高通骁龙 835 芯片，支持 Oculus Insight Tracking 技术，采用四摄内向外追踪，内置音频定位系统，配备一对六自由度手柄。

图 2-5　Oculus Quest 头戴式一体机

（3）外接式头盔显示器。外接式头盔显示器是一种较为沉浸的 VR 视觉体验设备，它通常采用有线的形式与计算机连接，依靠高性能计算机的运算能力，达到高度沉浸的效果。

外接式头盔显示器通常由图像信息显示源、光学成像系统、瞄准镜、头部位置检测装置、定位传感系统、电路控制与连接系统、头盔与配重装置等部分组成，如图 2-6 所示。它通常由两个LCD分别向两个眼睛提供图像，这两个图像由计算机分别驱动，两个图像存在着微小的差别，形成类似于"双眼视差"的效果。通过使用者的大脑将两个图像融合以获得深度感知，得到一个立体的图像。外接式头盔显示器可以将参与者与外界完全隔离或者部分隔离，因此成为沉浸式虚拟现实系统与增强式虚拟现实系统效果最好的视觉输出设备。

图2-6 外接式头盔

现在市面上有很多头盔显示器产品，虽在外形、大小、结构、显示方式、性能、用途等方面有较大的差异，但是其原理基本相同。在头盔显示器上需要配有头部位置跟踪设备，能检测头部的运动，并将相关的位置信息传送到计算机中，计算机能根据头部的运动进行实时显示以改变其视野中的三维场景。目前大多数头盔显示器都采用基于超声波或电磁传感技术的跟踪设备。

（4）AR头盔显示器。增强现实系统（AR）采用的是透视式的头盔或眼镜显示器，如图2-7所示。在透视式的头盔或眼镜中，每个眼睛的前方有个与视线成45°的半透明镜子，这个镜子一方面能反射在头部侧方的LCD显示器上的虚拟图形，另一方面也能透射在头部前方的真实场景。于是，用户在看到计算机生成的虚拟图形的同时，也可看到真实场景。

图2-7 AR头盔显示器

增强现实眼镜或头盔通过透明玻璃在用户的直接视野中覆盖虚拟成像。与虚拟现实中的用户视线被遮挡不同，增强现实系统中的用户可以同时观察真实世界和虚拟世界。系统的内容与算力通常由个人计算机或智能手机提供。

2. 立体眼镜显示系统

（1）E-D 无线立体眼镜。E-D 无线立体眼镜是 EDimensional 公司生产的一款无线 3D 立体眼镜，如图 2-8 所示。它可以用于在虚拟现实技术中观看 3D 图形，真实地模拟虚拟世界中 3D 游戏、电影、网络、照片等环境。E-D 立体眼镜还可以将 PC 视频游戏转换成具有真实感的 3D 游戏，更精准地计算高度和距离。

图 2-8　立体眼镜

（2）Stereographics CrystalEyes 液晶偏振光眼镜。Stereographics CrystalEyes 是一款符合工业机标准的液晶偏振光眼镜，对于从事虚拟仿真开发的工程师来说无疑是一件很好的工具。Stereographics CrystalEyes 能提供给工程师高清晰的图像，该产品兼容 UNIX 和 Windows 平台，主要应用于 CAVE 系统、演播室场所。液晶偏振光眼镜广泛应用于地理信息系统、化学研究系统和虚拟仿真系统等。

（3）Eye-trek FMD-700 眼镜。Eye-trek FMD-700 眼镜是 Olympus 影像眼镜的高端产品，专门提供给专业领域使用，该产品可以跟所有的影像信号连接，而且可以和 PC 直接连接界面。

3. 投影式 VR 显示设备

投影式 VR 显示器是一种建立在人眼立体视觉机制上的新一代自由立体显示设备，它能够利用多通道自动立体显示技术。

（1）桌面立体显示系统。桌面立体显示系统由立体显示器和立体眼镜组成，其原理是立体显示器以一定的频率交替生成左右眼视图，用户通过佩戴立体眼镜，使得人眼视觉系统形成立体图像。

ZSpace 桌面立体显示系统是由美国 ZSpace 公司研发的一款融合了 AR 和 VR 的一体式桌面显示系统，它由一体式 PC、立体眼镜和触摸笔组成，如图 2-9 所示。

图 2-9　ZSpace 立体显示系统

　　未来立体 GC3000 是由深圳未来立体教育科技有限公司研发的一款桌面立体显示系统，主要用于教学方面。该设备由 3D 触控显示系统、红外光学追踪系统、可拔插计算机系统和增强现实互动系统组成，如图 2-10 所示。

图 2-10　未来立体 GC3000

　　该设备最具特色的一个功能是增强现实系统，该系统由 AR 摄像头和对应的软件组成，能将虚拟事物和真实环境叠加后展现出来。

　　（2）洞穴式立体显示系统。洞穴式立体显示系统又称 CAVE（Computer Automatic Environment）系统，是一套基于高端计算机的多面式的房间式立体投影系统解决方案。它主要包括专业虚拟现实工作站、多通道立体投影系统、虚拟现实多通道立体投影软件系统、房间式立体成像系统四部分。该系统使用投影系统，通过投射多个投影面，形成房间式的空间结构，如图 2-11 所示。其通过使用多个围绕观察者的图像画面显示的虚拟现实系统来增强沉浸感。

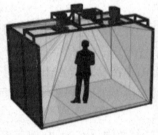

图 2-11　洞穴式立体显示系统

　　CAVE 系统是由伊利诺斯大学芝加哥校区的电子可视化实验室开发的，它是一个立方体结构，内部装有多台 CRT 投影仪，每台投影仪都由一台 4 通道计算机的不同图形流信号驱动。3 个竖直的面板采用背投技术，投影仪安装在四周的地板上，通过镜面反射图像。地面显示器上显示的图像由安装在 CAVE 系统上的投影仪产生，通过另一面镜面反射下来，这面镜面用于创建操控者后面的阴影，与其他镜面叠加，以减少视觉上的不连贯性。

　　目前，浙江大学计算机辅助设计与图形学国家重点实验室成功建成了我国第一台 4 面 CAVE 系统。CAVE 系统一般使用主动式或被动式立体眼镜，供多个操控者戴上使用，他们的视线所涉及范围均为背投式显示屏上显示的，由计算机生成的立体图像，增强了身临其境的感觉。

CAVE 系统的优点在于能提供高质量的立体显示图像，色彩丰富、无闪烁、大屏幕立体显示、可多人参与和协同工作。因此它为人类带来了一种全新的创新思考方式，扩展了人类的思维。

通过 CAVE 系统，人们可以直接看到自己的创意或研究物体。例如，生物学家能通过 CAVE 系统检查 DNA 规则排列的染色体链对结构，并虚拟拆开基因染色体进行科学研究；理化学家能深入物质的微细结构或在广袤的环境中进行试验探索；汽车设计者可以走进汽车内部随意观察。可以说，CAVE 系统可以应用于任何具有沉浸感需求的虚拟仿真应用领域，是一种全新的、高级的科学数据可视化手段。

CAVE 系统的缺点是价格昂贵，体积大，并且参与的人数有限，如果同时使用的人数达到 12 人以上，CAVE 的显示设备就显得太小了。目前 CAVE 系统并没有标准化，兼容性较差，因而限制了其普及。

（3）墙式立体显示系统。为了解决更多观众共享立体图像的问题，可以采用大屏幕投影显示器组成墙式立体显示系统。该系统类似于放映电影常用的背投式显示设备，由于屏幕大、容纳的人数多，因此适用于教学和成果演示。目前常用的墙式立体显示系统包括单通道立体投影系统和多通道立体投影系统。

单通道立体投影系统主要由专业的虚拟现实工作站、立体投影系统、立体转换器、立体投影软件系统、VR 软件开发平台和 3D 建模工具软件等几个部分组成，如图 2-12 所示。该系统以一台图形工作站为实时驱动平台，两台叠加的立体专业 LCD 投影仪作为投影主体，可在显示屏上显示一幅高分辨率的立体投影影像。与传统的投影相比，该系统最大的优点是能够显示优质的高分辨率 3D 立体投影影像，为虚拟仿真操控者提供一个有立体感的半沉浸式虚拟 3D 显示和交互环境。在众多的虚拟现实 3D 显示系统中，单通道立体投影系统是一种低成本、操作简便、占用空间较小、具有极好性价比的小型虚拟 3D 投影显示系统，其集成的显示系统使用户安装和操作更加容易和方便，被广泛应用于高等院校和科研究院所的虚拟现实实验室中。

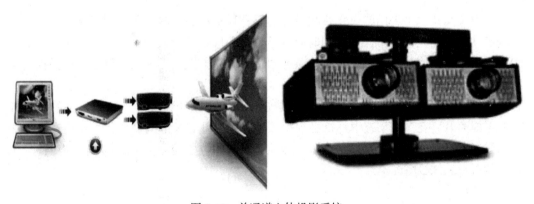

图 2-12 单通道立体投影系统

多通道立体投影系统是一种半沉浸式（部分沉浸式）的 VR 可视协同环境。系统采用巨幅平面投影结构来增强沉浸感，配备了完善的多通道声响及多维感知交互系统，充分满足虚拟现实技术的视、听、触等多感知应用需求，是理想的设计、协同和展示平台。它可以根据场地空间的大小灵活地配置两个或三个甚至更多的投影通道，无缝地拼接成一幅巨大的投影幅面、极高分辨率的二维或 3D 立体图像，形成一个更大的虚拟现实仿真系统环境。

环幕投影系统如图 2-13 所示，它采用环形的投影屏幕作为仿真应用的显示载体，具有多通道虚拟现实投影显示系统，具有较强的沉浸感。该系统以多通道视景同步技术、多通道亮度和色彩平衡技术，以及数字图像边缘融合技术为支撑，实时输出 3D 图形计算机生成的 3D 数字图像，并显示在一个超大幅面的环形投影幕墙上，以立体成像的方式呈现在观看者的眼前，使佩戴立体眼镜的观看者和操控者获得一种身临其境的虚拟仿真视觉感受。根据环形幕半径的大小，通常有 120°、135°、180°、240°、270°、360°弧度不等的环幕系统。由于其屏幕的显示半径巨大，该系统通常用于一些大型的虚拟仿真应用，例如虚拟战场仿真、数字城市规划和 3D 地理信息系统等大型场景仿真环境。近年来，该技术开始向展览展示、工业设计、教育培训和会议中心等专业领域发展。

图 2-13　多通道立体投影系统

2.1.2　听觉感知设备

虚拟现实技术中采用的听觉感知设备主要有耳机和扬声器两种，后者属于固定式声音输出设备，它允许多个操控者同时听到声音，一般在投影式 VR 系统中使用。扬声器固定不变的特性使其易于产生世界参照系的音场，在虚拟世界中保持稳定，且操控者使用时有较大的活动性。

耳机式声音设备一般与头盔显示器结合使用。在默认情况下，耳机显示的是头部参照系的声音，在 VR 系统中耳机必须跟踪操控者头部、耳部的位置，并对声音进行相应的过滤，使得空间化信息能够表现出操控者耳部的位置变化。图 2-14 所示为两种 VR 常用的听觉感知设备。

1. 耳机

耳机是基于头部的听觉感知设备，会跟随操控者的头部移动，并且只能供一个人使

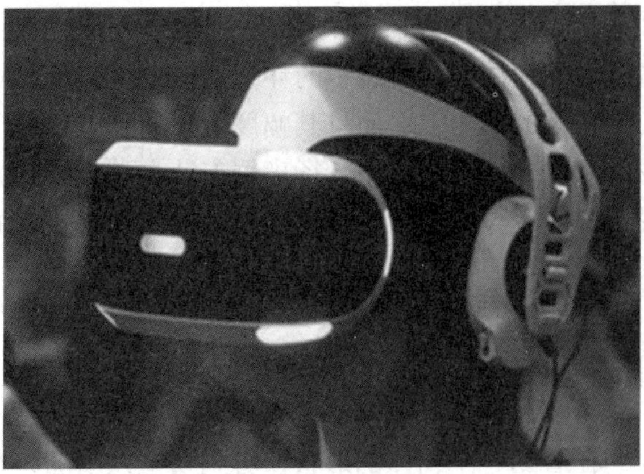

图 2-14　听觉感知设备

用，为使用者提供一个完全隔离的环境。通常情况下，在基于头部的视觉显示设备中，操控者可以使用封闭式耳机屏蔽掉真实世界的声音。根据戴在耳朵上的方式，耳机分为两类：一类是护耳式耳机，它很大，有一定的重量，用护耳垫套在耳朵上；另一类是插入式耳机（或耳塞），它很小，被封闭在可压缩的插塞中，可以舒适地放入耳道中，能够将声音精准地送到耳中的某一点。一般情况下，耳机的发声部分是远离耳朵的，其输出的声音经过塑料管连接（一般为 2mm 内径）。由于耳机通常是双声道的，因此比扬声器更容易实现立体声和 3D 空间化声音的表现。耳机在默认情况下显示头部参照系的声音。

当 3D 虚拟世界的声音应该表现为来自某个特定的地点时，耳机就必须跟踪参照者头部的位置，显示出不同的声音，及时地表现出收听者耳朵位置的变化。与戴着耳机听立体声音乐不同，在虚拟现实体验中，声源应该在虚拟世界中保持不变，这就要求耳机具有跟踪操控者的头部并对声音进行相应过滤的功能。例如，在房间里看电视。电视的位置是在操控者的对面。如果戴上耳机，电视在操控者的前面发出声音，当操作者转身时，耳机需跟踪头部的位置并使用跟踪到的信息进行计算，使得这个声音永远固定在操控者的前方，而不是相对于头的某个位置。

2. 扬声器

扬声器又称喇叭，是一种十分常用的电声转换器件，它是一种位置固定的听觉感知设备。

大多数情况下，扬声器能很好地给一组人提供声音，我们可以在基于头部的虚拟现实设备中使用扬声器。

扬声器固定不变的特性，能够使操控者感觉声源是固定的，更适用于虚拟现实技术。但是使用扬声器技术创建空间化的立体声音比耳机困难得多，因为扬声器难以控制两个耳膜收到的信号及两个信号之差。在调节给定系统，对给定的听者头部位置提供适当的感知时，如果操控者头部离开这个点，这种感知就会很快衰减。然而，至今还没有扬声器系统包含头部跟踪信息，并用这些信息随着操控者头部位置的变化适当调节扬声器的输入。

环绕立体声是使用多个固定扬声器表现 3D 空间化声音的技术。环绕立体声系统的研究一直在进行。最有名的使用非耳机显示的环绕立体声系统是 CAVE 系统,它将 4 个同样的扬声器安装在天花板的四角上,而且其幅度变化(衰减)可以仿真方向和距离效果。在一些正在开发的环绕立体声系统中,扬声器安装在长方体的 8 个角上,而且加入了反射和高频衰减用于空间定位的参数中。这项技术的实现有一定的难度,主要是因为两个耳朵都能听见来自每个扬声器的声音。

2.1.3　触觉感知设备

通常情况下,人们在看到一个物体的形状,听到物体发出的声音后,很希望亲手触摸物体,以感知它的质地、纹理和温度、湿度等,从而获得更多的信息。同样,在虚拟环境中,人不可避免地希望能够与其物体进行接触,能够更详细、更全面地了解此物体,触摸和力量感觉能够提高动作任务完成的效率和准确度。在虚拟世界中提供有限的触觉反馈和力觉反馈,将进一步增强虚拟环境的沉浸感和真实感。

在虚拟现实系统中,对触觉反馈和力反馈有以下要求。

(1)实时性要求。触觉反馈和力反馈需要实时计算接触力、表面形状、平滑性和滑动等,这样才会给人以真实感。

(2)较好的安全性。由于虚拟的反馈力量是在用户的手或其他部位上施加真实的力,因此要求有足够的力度让用户感觉到,但这种力不应该大到能伤害用户。同时,要确保一旦计算机出现故障,也不会出现伤害用户的情况。

(3)具有轻便和舒适的特点。在这类设备中,如果执行机械太大或太重,那么用户很容易产生疲劳,所以设备应该有便于安装与携带的优点。

1. 触觉反馈装置

由于技术的发展水平有限,成熟的商品化触觉反馈装置只能提供最基本的"触到了"的感觉,无法提供材质、纹理和温度、湿度等感觉,并且目前的触觉反馈装置仅局限于手指触觉反馈装置。

按照触觉反馈的原理,手指触觉反馈装置可以分为视觉式、电刺激式、充气式和振动式四类装置。

(1)视觉式触觉反馈。基于视觉来判断是否接触,即用户是否看到接触来作为接触的标准。这是目前虚拟现实系统普遍采用的方法,即通过碰撞检测计算,在虚拟世界中显示两个物体相互接触的情景。事实上,基于视觉的触觉反馈不应该属于真正的触觉反馈装置,因为操控者的手指根本没有接收到任何接触的反馈信息。

(2)电刺激式的触觉反馈。电刺激式的触觉反馈是通过施加电脉冲来影响受体和神经末梢,达到触觉反馈目的。这种类型的反馈有多种形式,具体取决于传递给皮肤的刺激的强度和频率。其中较为常用的是神经肌肉刺激式触觉反馈,也称为肌肉电刺激(EMS)。它是通过生成相应的刺激信号去刺激操控者相应感觉器官的外壁,来引发肌肉的收缩。电信号是神经系统的基础,因此电刺激式的触觉反馈最适合于产生和模拟现实世界中的触觉。

（3）充气式触觉反馈装置。充气式触觉反馈装置的工作原理是在数据手套中配置一些微小的气泡，每个气泡都有两条很细的进气管和出气管，所有气泡的进/出气管汇总在一起与控制器中的微型压缩泵相连接。压缩泵根据需要对气泡进行充气和排气。充气时，微型压缩泵迅速加压，使气泡膨胀而压迫刺激皮肤达到触觉反馈的目的。

（4）振动式触觉反馈装置。振动式触觉反馈装置是将振动激励器集成在手套输入设备中。两种典型的装置为探针阵列式振动触觉反馈装置和轻型形状记忆合金振动触觉反馈装置。

探针阵列式振动触觉反馈装置的工作原理是利用音圈（类似于扬声器中带动纸盒振动的音圈）产生的振动刺激皮肤达到触觉反馈的目的。这一装置的原理是在传感手套中把两个音圈装在拇指和食指的指尖上，音圈由调幅脉冲来驱动，接受来自PC仿真触觉的模拟信号的调制，模拟信号经功率放大后送至音圈，产生可感知的振动。

另一种振动式触觉反馈装置的系统是采用轻型的记忆合金作为传感器的装置。形状记忆合金是锌铁记忆合金，属于特殊的元件。当记忆合金丝通电、加热时，合金会收缩；当电流中断时，记忆合金丝冷却下来，就会恢复原始形状。传感器对触头阵列的控制有两种方式，即时间控制方式和空间控制方式。时间控制方式是指通过控制全部触头的导通和断开，让触头产生周期性的起伏效果，在指尖上形成振动感，从而达到触觉反馈的目的；空间控制方式是指让触头按顺序导通或断开，使触头按行顺序接触皮肤，达到触觉按行顺序传递的感觉，形成类似于手指在表面上滑动的触觉。

2. 力反馈装置

力反馈即运用先进的技术手段，将虚拟物体的空间运动转变成周边物理设备的机械运动，使用户能够体验到真实的力度感和方向感，从而提供一个崭新的人机交互界面。力反馈技术最早被应用于尖端医学和军事领域，在实际应用中常见的有以下几种设备。

（1）力反馈鼠标（六自由度三维交互球）。力反馈鼠标（FEELit Mouse）是给操控者提供力反馈信息的鼠标设备。操控者使用力反馈鼠标像使用普通鼠标一样移动光标。不同的是，当使用力反馈鼠标时，光标相当于操控者手指的延伸。光标所触到的任何东西，操控者感觉就像用手触摸到一样。它能够感觉到物体真实的质地、表面纹理、弹性、湿度、摩擦和振动。例如，当操控者移动光标进入一个虚拟障碍物时，这个鼠标就会对人手产生反作用力，阻止这种虚拟的穿透。因为鼠标阻止光标穿透，操控者就会感到这个障碍物像一个真的硬物体，产生与硬物体接触的感觉。

力反馈鼠标还可以让计算机操控者真实地感受到Web页面、图形软件、CAD应用程序，甚至是Windows操作界面。当操控者上网购物时，只要把光标移动到某项商品上，反馈器就能模拟出物品的质感并反馈给操控者。但为了保证力反馈鼠标能发挥作用，网络商店必须在自己的商品链接上加装相对应的软件来响应鼠标。

　　当前大多数力反馈鼠标只提供了两个自由度，功能范围有限，限制了它的应用，并且其所对应的软件，例如网络软件、绘图软件等都不尽如人意，需要进一步提高。目前，力反馈鼠标主要用在娱乐领域，例如游戏等。

　　（2）力反馈操纵杆。力反馈操纵杆装置是一种桌面设备，其优点是结构简单、重量轻、价格低和便于携带。该类产品最早是在 1993 年由施姆尔特（Schmult）和杰本（Jebens）发明的。发展至今已出现很多种简单、便宜的力反馈操纵杆，这些设备自由度比较小，外观也比较小巧，能产生中等大小的力，有较高的机械带宽。例如，瑞士罗技公司研制的 Wingman Strike Force3D 飞行摇杆产品，其支持 9 个可编程按钮，以及 USB 接口和外加电源，在 Windows 的任何系统下都可以使用。

　　（3）力反馈手臂。为了仿真物体重量、惯性和与刚性墙的接触，操控者需要在手腕上感受到相应的力反馈。早期的力反馈设备通常使用为遥控机器人控制设计的大型操纵手臂，如图 2-15 所示。这些具有嵌入式的位置传感器和电反馈驱动器的机械结构用来控制回路经过主计算机闭合，由计算机显示被仿真世界的模型，并计算虚拟交互力，驱动反馈驱动器给操控者手腕施加真实的力。

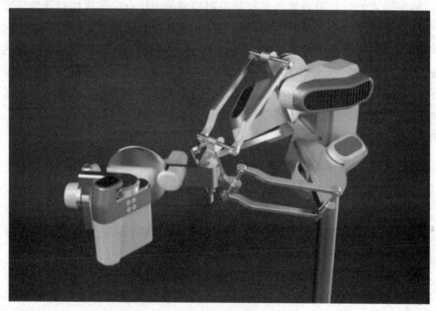

图 2-15　力反馈手臂

　　（4）桌面式力反馈系统。桌面式力反馈系统是通过一个指套加上的，操控者把他的手指或笔插入相应的指套，由 3 个直流马达分别在 X、Y、Z 坐标上产生 3 个力。目前市场上比较知名的桌面式力反馈设备有 Phantom Premium 力反馈设备，它是与 GHOST SDK 合作的，后者是 C++ 的工具盒，提供了复杂计算的一些算法，并允许开发者处理简单的高层的物体和物理特性，例如位置、质量、摩擦和硬度等。Phantom Premium 可以用作虚拟雕刻工具，刻制 3D 模型，如图 2-16 所示。FreeForm 软件应用了这个功能，能让操控者产生在雕刻台上工作的幻觉。

图 2-16 桌面式力反馈系统

（5）力反馈数据手套。力反馈手臂、力反馈操纵杆和力反馈鼠标的共同特点是设备需放在台上或地面上，而且只在手腕上产生模拟的力，其使用范围也因此受到限制。一些灵活性要求比较高的任务，有时需要独立控制每个手指上模拟的力，此时就需要另一类重要的力反馈设备，也就是安装在人手上的力反馈数据手套。

力反馈数据手套是借助数据手套的触觉反馈功能，用户能够用双手亲自"触碰"虚拟世界，并在与计算机制作的三维物体进行互动的过程中真实感受到物体的振动。触觉反馈能够营造出更为逼真的使用环境，让用户真实感触到物体的移动和反应，如图 2-17 所示。

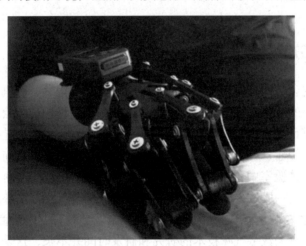

图 2-17 力反馈数据手套

2.1.4 味觉感知设备

人类在进食时，舌头味蕾会产生相应的生物电信号，这些信号通过神经传到大脑，从而产生相应的味觉感知。要模拟人类的味觉感知，可以用化学刺激的办法实现，但在一个交互式的虚拟现实或增强现实系统中使用化学刺激是不实际的，因为化学药品既难保存也不方便操作。另外，对味觉的化学刺激本质上都是相似的，这就使得其在应用于电子交互时不具备可操作性。为此，新加坡国立大学混合现实实验室的一组研究人员提出了一种不包含化学刺激的方法，即通过电流和温度来模拟人类的几种原始味觉，并开发出相应的电子装置原型设备，如图 2-18 所示。

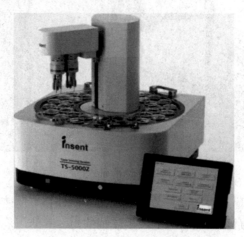

图 2-18　味觉分析系统

这种独特、具有革新性的电子味觉交互设备装置包含两个重要组成部件：可以产生不同频率的低压电极（直接夹着操控者舌头），以及 Peltier 温度控制器，即能产生不同电流和热力刺激的控制模块与由两块银焊条组成的舌头接口（直接压在操控者的舌头上）。

2.1.5　嗅觉感知设备

目前国内研究人员综合应用人工智能、生物科技、电化学、有机化学、微电子等领域的技术，从收集的近十万种气味中分析出常见的一千多种，初步绘制出了生活中大多数常见气味的"基因图谱"，并尝试将气味的各种基础构成元素放置在独立装置中，组成包含数字编码、传输、解码、释放为一体的智能化集成设备。目前已有基于这种设备的体验室问世。在体验室中，当《黑客帝国 2》中的男主角走向美丽的女主角时，观众可以嗅到女主角身上一股诱人的香水味夹杂着淡淡的甜美气息迎面扑来，刹那间给人一种似幻似真的感觉。数字气味非常适合与影院、游戏、教育、电子商务等产业相结合。从全球范围来看，有关数字气味技术的研究和研发时间并不长，这是一项综合创新型的前沿技术。目前我国在这一领域的代表企业为"气味王国"，其已经与国内 VR 设备制造、影院、游戏场景运营的相关企业进行了合作。国外有部分企业也开始了类似的研究，这一技术的应用前景、商用价值、市场规模，有着无比巨大的想象空间。

2.2　交　互　设　备

虚拟现实系统的首要目标是建立一个虚拟的世界，处于虚拟世界中的人与系统之间是相互作用、相互影响的。特别要指出的是，在虚拟现实系统中，人与虚拟世界之间必须是基于自然的人机全方位交互。当人完全沉浸于计算机生成的虚拟世界中，计算机键盘、鼠标等交互设备就无法适应交互要求了，而必须采用其他手段及设备来供人与虚拟世界进行交互，即人对虚拟世界要采用自然的方式输入，虚拟世界要根据其输入进行实时场景输出。

虚拟现实系统的输入设备主要分为两大类：一类是基于自然的交互设备，用于对虚拟世界信息的输入；另一类是三维定位跟踪设备，主要用于对输入设备在三维空间中的位置进行判定，并输入虚拟现实系统中。

能让虚拟世界与人进行自然交互的设备有很多，包括基于语音的、基于手的等多种形式。例如，数据手套、数据衣、三维控制器、三维扫描仪等。手是人们与外界进行物理接触及意识表达的最主要媒介，在人机交互设备中也是如此。基于手的自然交互形式最为常见，相应的数字化设备也有很多，在这类产品中，最为常见的就是数据手套。

2.2.1　三维空间控制器

1. 三维鼠标

普通鼠标只能感受在平面的运动，而三维鼠标（图 2-19）则可以让用户感受到在三维空间中的运动。三维鼠标可以完成在虚拟空间中进行 6 个自由度的操作，包括 3 个平移参数与 3 个旋转参数。其工作原理是在鼠标内部安装超声波或电磁发射器，利用配套的接收设备可检测鼠标在空间中的位置与方向。与其他三维控制器相比，三维鼠标的成本较低，常应用于建筑设计等领域。

图 2-19　三维鼠标

2. 力矩球

力矩球通常被安装在固定平台上。它的中心是固定的，并装有 6 个发光二极管。这个球有一个活动的外层，外层上也装有 6 个相应的光接收器。用户可以通过手的扭转、挤压、来回摇摆等动作，来实现相应的操作。它通过安装在球中心的几个张力器来测量手施加的力，并将数据转化为 3 个平移运动和 3 个旋转运动的值送入计算机中。当使用者用手对球的外层施加力时，根据弹簧形变的法则，6 个光传感器会测出 3 个力和 3 个力矩的信息，并将信息传送给计算机，此时即可计算出虚拟空间中某物体的位置和方向等数据。

2.2.2 数据手套

数据手套是虚拟现实中最常用的交互工具。数据手套已成为一种被广泛使用的传感设备，它戴在用户手上，作为一只虚拟的手与虚拟现实系统进行交互。数据手套的出现，为虚拟现实系统提供了一种全新的交互手段，其设有弯曲传感器，弯曲传感器由柔性电路板、力敏元件、弹性封装材料组成，通过导线连接至信号处理电路，把人手姿态准确、实时地传递给虚拟环境，从而有效地与虚拟世界进行交互，极大地增强互动性和沉浸感。

按其功能需要，数据手套一般可以分为虚拟现实数据手套和力反馈数据手套。

虚拟现实数据手套：虚拟现实数据手套是一种多模式的虚拟现实硬件，通过软件编程，可进行虚拟场景中物体的抓取、移动、旋转等动作；也可以利用它的多模式性，将其作为一种控制场景漫游的工具。

力反馈数据手套：借助力反馈数据手套的触觉反馈功能，用户能够用双手亲自"触碰"虚拟世界，并在与计算机制作的三维物体进行互动的过程中真实感受到物体的振动。力反馈数据手套能够营造出更为逼真的使用环境，让用户真实感触到物体的移动和反应。此外，该系统也可用于数据可视化领域，能够模拟出与地面密度、水含量、磁场强度、危害相似度或光照强度相对应的振动强度。

比较有代表性的虚拟现实数据手套产品有 5 DT Data Glove Ultra 系列、Manus VR、PowerClaw、CaptoGlove、Glovenone，依次如图 2-20 所示。力反馈数据手套产品有 Shadow Hand、CyberGlove。

图 2-20　数据手套

2.2.3　体感交互设备

体感交互（Tangible Interaction）是一种新式的、注重行为能力的交互方式，它正在转变人们对传统产品设计的认识。体感交互是一种使用者直接利用躯体动作、声音、眼球转动等方式与周边的装置或环境进行互动的交互方式。Leap Motion、Kinect、PS Move、Wii Remote 等都是常见的体感交互设备。

相对于传统的界面交互，体感交互强调利用肢体动作、手势、语音等更贴近现实生活的自然的方式进行人与产品的交互，通过看得见、摸得着的实体交互设计帮助用户与系统进行交流。

1. Leap Motion

Leap Motion 是面向 PC 及 Mac 的体感控制器制造公司 Leap 于 2013 年 2 月 27 日发布的体感控制器，如图 2-21 所示。Leap Motion 控制器不会替代键盘、鼠标、手写笔或触控板，相反，它可以与这些传统交互设备协同工作。当 Leap Motion 软件运行时，只需将硬件插入 Mac 或 PC 中，一切即准备就绪。只需挥动一只手指即可浏览网页、阅读文章、翻看照片，以及播放音乐。即使不使用任何画笔或笔刷，用户使用指尖就可以绘画、涂鸦和设计，也可以玩切水果、打坏蛋等游戏；结合用户双手即可飙赛车、打飞机。用户可以在 3D 空间进行雕刻、浇筑、拉伸、弯曲及构建 3D 图像，还可以把它们拆开及再次拼接。

图 2-21　Leap Motion

2. Kinect

Kinect 是一种 3D 体感摄影机（图 2-22），它同时导入了即时动态捕捉、影像辨识、麦克风输入、语音辨识、社群互动等功能。玩家可以通过这项技术在游戏中开车、与其他玩家互动、通过互联网与其他 Xbox 玩家分享图片和信息等。

Kinect 采用了以下三种主要技术。

① 以 Prime Sense 公司的光编码技术作为原理，给不可见光打码，然后检测打码后的光束，判断物体的方位。

② 飞行时间测距法，即根据光反射回来的时间判断物体的方位。由于检测光的飞行速度是几乎不能实现的，因此该技术的原理是发射一道强弱随时间变化的正弦光束，然后计算其来回的相位差值。

图 2-22　Kinect

③ 对之前阶段输出的结果的使用，系统根据追踪到的 20 个关节点来生成一套骨架系统。Kinect 通过评估输出的每一个可能的像素来确定关节点。通过这种方式，Kinect 能够基于充分的信息准确地评估人体实际所处的位置。

此外，Kinect 还拥有一个机械转动的底座，可以让摄像头本体能够看到更广的范围，并且可以随着用户的位置灵活变动。

2.2.4　语音交互

语音交互是基于语音输入的新一代交互模式，通过说话就可以得到反馈结果。生活中最常见的就是手机或计算机内置的各种"语音助手"。例如，魅族的小溪、苹果的Siri、小米的小爱、华为的小艺、百度的小度，等等。

2016 年，Facebook 创始人扎克伯格提出，"VR 将成为下一个计算平台，将带领人们完全颠覆现有的网络社交模式。"VR 社交概念被炒得火热，而实现 VR 社交最关键的技术就是语音交互。

语音交互过程包括语音采集、语音识别（ASR）、自然语音处理（NLP）和语音合成（TTS）四个部分。语音采集是完成音频的录入、采样及编码，语音识别是将语音信息转化为机器可识别的文本信息，自然语音处理是根据语音识别转换后的文本字符或命令完成相应的操作，语音合成则是完成文本信息到声音信息的转换。

2.2.5　触觉交互

触觉交互技术主要应用于游戏行业和虚拟训练中。具体来说，它会通过向用户施加力、振动等，让用户产生更加真实的沉浸感。触觉交互技术可实现在虚拟世界中创造和控制虚拟物体，例如远程操控机械或机器人，甚至模拟训练外科实习生进行手术。

Teslasuit 是世界上首款虚拟现实全身触控体验套件（图 2-23），用户戴上虚拟现实头盔之后，就能在虚拟现实里感受到真实世界的体验。

Teslasuit 是基于电触感技术的触觉交互，电触感被称为我们身体的"母语"。Teslasuit

图 2-23　Teslasuit 体验套件

还采用了模块化设计，允许用户随时添加模块，DK Teslasuit Pioneer 套件由智能织物套装、整合 30 点触控反馈阵列及一个控制带组成。此外，套件里还有一块电池，单次充电后可以持续使用 4 天。系统的主控单元是一个 T 型带，可以无线连接到市面上绝大多数虚拟现实设备，包括 Oculus、谷歌眼镜、META Space Glasses、HTC Vive&Valve、Room-Scale、PlayStationVR、OSVR、微软 HoloLens 及爱普生 Moverio 智能眼镜等。而且，通过 Wi-Fi 和蓝牙，它还能和游戏机（PSP 和 Xbox）、PC、平板电脑及智能手机建立连接。

触觉交互技术的应用范围十分广泛，可用于游戏、虚拟约会、健康医疗、心理咨询、教育、体育健身、科技工程、心理和现实生活训练模拟、动画等。

2.3　三维定位跟踪设备

虚拟现实技术是在三维空间中与人交互的技术，为了能及时准确地获取人的动作信息，检测有关物体的位置和朝向，并将信息报告给 VR 系统，需要使用各类高精度、高可靠性的跟踪定位设备。这种实时跟踪及交互装置主要依赖于跟踪定位技术，它是 VR 系统实现人机之间沟通的主要通信手段，是实现实时处理的关键技术。

三维定位跟踪设备是实现人与计算机之间交互的重要组成部分。它的主要任务是检测有关物体的位置和方位，并将位置和方位信息报告给虚拟现实系统。在虚拟现实系统中，用于跟踪操控者的方式有两种：一种是跟踪操控者的头部位置与方位来确定其视点与视线方向，而视点位置与视线方向是确定虚拟世界场景显示的关键；另一种更常见的方法是跟踪操控者手的位置和方向，手的位置和方向信息是带有跟踪系统的数据手套所获取的关键信息。带跟踪系统的传感器手套把手指和手掌伸屈时的各种姿势转换为数字信号送给计算机，然后被计算机所识别、执行。

三维定位跟踪设备主要是 3D 位置跟踪器，是利用相应的传感器设备在 3D 空间中对活动物体进行探测并返回相应的 3D 信息。下面介绍三维定位系统的原理和性能参数。

1. 六自由度

在理论力学中, 任何一个物体在空间直角坐标系中都有6个自由度, 如图2-24所示。物体的自由度是确定物体的位置所需要的独立坐标数, 当物体受到某种限制时, 其自由度会减少。

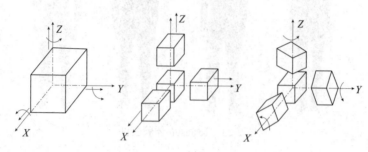

图 2-24　六自由度

物体在3D空间中做自由运动时, 共有6个自由度 (DOF), 包括沿X、Y和Z3个坐标轴的独立平移运动和分别绕着3个坐标轴的独立旋转运动。这6个运动都是相互正交的, 并对应于6个独立变量。

当3D物体高速运动时, 对位置跟踪设备的要求是必须能够足够快地测量、采集和传送3D数据。这意味着传感器无论基于何种原理和技术, 都不应该限制或妨碍物体的自由运动, 如果物体运动受到某些条件的限制, 自由度会相应减少。

2. 位置跟踪设备的性能参数

在虚拟现实系统中, 对操控者的实时跟踪并实时接收操控者动作指令的交互技术的实现主要依赖于各种位置跟踪器, 它们是实现人机之间沟通极其重要的通信手段, 是实时处理的关键技术。通常, 位置跟踪器具有以下几个关键的性能参数。

（1）精度和分辨率。精度和分辨率决定了一种跟踪技术反馈其跟踪目标位置的能力。分辨率是指使用某种技术能检测到的最小位置变化, 小于这个距离和角度的变化将不能被系统检测到。精度是指实际位置与测量位置之间的偏差, 是系统所报告的目标位置的正确性, 或者说是误差范围。

（2）响应时间。响应时间是对跟踪技术在时间上的要求, 具体可分为采样率、数据率、更新率和延迟4个指标。采样率是传感器测量目标位置的频率。现在为了防止丢失数据, 大部分系统采样率比较高。数据率是每秒所计算出的位置个数。在大部分系统中, 高数据率是和高采样率、低延迟和高抗干扰能力联系在一起的, 所以高数据率是虚拟现实系统追求的目标。更新率是跟踪系统向主机报告位置数据的时间间隔。更新率决定了系统的显示更新时间, 因为只有接收到新的位置数据, 虚拟现实系统才能决定所要显示的图像及整个后续工作。高更新率对虚拟现实系统十分重要。低更新率的虚拟现实系统会缺乏真实感。延迟表示从一个动作发生到主机收到反映这一动作的跟踪数据为止的时间间隔。虽然低延迟依赖于高数据率和高更新率, 但两者都不是低延迟的决定因素。

（3）鲁棒性。鲁棒性是 Robust 的音译，也就是健壮的意思。鲁棒性是指一个系统在相对恶劣的条件下避免出错的能力。由于跟踪系统处在一个充满各种噪声和外部干扰的实际世界，跟踪系统必须具有一定的鲁棒性。一般外部干扰可分为两种：一种称为阻挡，即一些物体挡在目标物和探测器中间所造成的跟踪困难；另一种称为畸变，即由于一些物体的存在而使探测器所探测的目标定位发生畸变。

（4）整合性能。整合性能是指系统的实际位置和检测位置的一致性。一个整合性能良好的系统能始终保持两者的一致性。与精度和分辨率不同，精度和分辨率是指一次测量中的正确性和跟踪能力，而整合性能则注重在整个工作时间内一直保持位置对应正确。虽然良好的分辨率和高精度有助于获得良好的整合性能，但累积误差会降低系统的整合能力，使系统报告的位置逐渐远离正确的物理位置。因此，如何减少累积误差是整合性能的关键。

（5）合群性。合群性反映的是虚拟现实跟踪技术对多操控者系统的支持能力，包括两方面的内容，即大范围的操作空间和多目标的跟踪能力。跟踪系统不能提供无限的跟踪范围，它只能在一定区域内进行跟踪和测量，这个区域通常被称为操作范围或工作区域。显然，操作范围越大，越有利于多操控者的操作，大范围的工作区域是合群性的要素之一。

多操控者的系统必须有多目标跟踪能力，这种能力取决于一个系统的组成结构和对多边作用的抵抗能力。系统结构有许多形式，可以是将发射器安装在被跟踪物体上面（外向内结构），也可以是将感受器装在被跟踪物体上（内向外结构）。发射器的数量也可以是一个或多个，能独立地对多个目标进行定位的系统将有较好的合群性。多边作用是指多个被跟踪物体在共存情况下产生的相互影响。例如，一个被跟踪物体的运动也许会挡住另一个物体上的感受器，从而造成后者的跟踪误差。多边作用越小的系统，其合群性越好。

（6）其他性能指标。跟踪系统还有一些值得重视的其他一些性能指标，例如重量和大小、安全性等。由于虚拟现实的跟踪系统是要操控者戴在头上或套在手上，因此轻便和小巧的系统能使操控者更舒适地在虚拟现实环境中工作。安全性指的是系统所用技术对操控者健康的影响，要避免晕眩和对视力的影响。

下面介绍几种主要的跟踪技术。

2.3.1　电磁跟踪系统

电磁跟踪系统是一种非接触式的位置测量设备，它一般由发射器、接收传感器和数据处理单元组成。电磁式位置跟踪设备是利用磁场的强度进行位置和方位的跟踪。一般来说，电磁式位置跟踪设备包括发射器、接收器、接口和计算机。电磁场由发射器发射，接收器接收到电磁场后将其转换成电信号，并将此信号送到计算机，经计算机中的控制部件计算后，得出跟踪目标的数据。多个信号综合后即可得到被跟踪物体的 6 个自由度数据。

根据磁场发射器的不同，电磁式位置跟踪设备可分为交流电发射器型与直流电发射器型。

交流电发射器由 3 个互相垂直的线圈组成，当交流电在 3 个线圈中通过时，会产生互相垂直的 3 个磁场分量在空间传播。接收器也由 3 个互相垂直的线圈组成，当有磁场在线圈中变化时，就会在线圈上产生一个感应电流，接收器感应的电流强度与其距发射器的距离有关。通过电磁学计算，可产生 9 个感应电流（3 个感应线圈分别对 3 个发射线圈磁场感应，产生 9 个电流），计算出发射器和接收器之间的角度和距离。交流电发射器的主要缺点是易受金属物体的干扰。由于交变磁场会在金属物体表面产生涡流效应，使磁场发生扭曲，导致测量数据的错误，因此影响系统的响应性能。

直流电发射器也是由 3 个互相垂直的线圈组成的。不同的是，它发射的是一串脉冲磁场，即磁场瞬时从 0 跳变到某一强度，再跳变回 0，如此循环形成一个开关式的磁场向外发射。感应线圈接收这个磁场后，经过一定的处理，可得出跟踪物体的位置和方向。直流电发射器能避免金属物体的干扰，因为它不会产生涡流效应，也就不会对跟踪系统产生干扰。

电磁式跟踪器工作原理如图 2-25 所示。当给一个线圈通上电流后，在线圈的周围将产生磁场。磁传感器的输出值与发射线圈和接收器之间的距离，以及磁传感器的敏感轴和发射线圈发射轴之间的夹角有关。

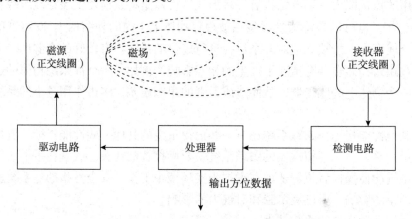

图 2-25　电磁式跟踪器工作原理

发射器由缠绕在立方体磁芯上的 3 个互相垂直的线圈组成，线圈被依次激励后会在空间产生按一定时空规律分布的电磁场（交流电磁场和直流电磁场）。

使用交流电磁场时，接收器由 3 个正交的线圈组成。当使用直流电磁场时，接收器由 3 个磁力计或霍尔效应传感器组成。

电磁式跟踪器的优点是成本低、体积小、质量轻，速度快、实时性好及装置的定标较简单，技术较成熟，鲁棒性好。

电磁式跟踪器的缺点是抗干扰性差，工作范围因耦合信号随距离增大迅速衰减而受到了限制，这同时也影响了电磁跟踪器的精度和分辨率。

2.3.2　声学跟踪系统

声学跟踪技术是所有跟踪技术中成本最低的。超声传感器包括 3 个超声发射器的阵列（安装在房间的天花板上）、3 个超声接收器（安装在被测物体上），用于启动发射的同步信号及计算机。

从声学跟踪系统理论上讲，可听见的声波也是可以使用的。采用较短的波长可以分辨较小的距离，但从 50 ～ 60kHz 开始空气衰减随频率的增加迅速加大。因此，多数系统采用 40kHz 脉冲，波长约 7mm。但一些金属物体（如人身上的饰物等）在这个频带会使系统受到干扰。此外，在高超声频率难以找到全向发射器，而且相关的声学设备昂贵，并要求在高电压状态工作，因此采用较少。由于声学跟踪系统使用的是超声波（20kHz 以上），人耳是听不到的，所以声学跟踪系统有时也被称作超声跟踪系统。

在实际的虚拟现实应用系统中，我们主要采用飞行时间法（Time of Flight）或相位相干法（Phase Coherence）这两种声音测量原理来实现物体的跟踪。

1. 飞行时间法

在飞行时间法中，各个发射器轮流发出高频声波，测量到达各个接收点的飞行时间，根据声音的速度得到 3 个发射点与 3 个接收点之间的 9 个距离参数，再由三角运算得到被测物体的位置。为了测量物体位置的 6 个自由度，至少需要 3 个接收器和 3 个发射器。为了精确测量，要求发射器与接收器采用合理的布局，一般把发射器安装在天花板的 4 个角上；并且要求发射器与接收器同步，为此必须采用红外同步信号。飞行时间法通过测量超声传输的时间，来确定距离。飞行时间系统易受次声波脉冲的干扰，在一个较小的工作空间中，飞行时间系统有较好的正确率和响应时间；但当工作空间增大时，飞行时间系统的数据率就会开始下降。因此，飞行时间系统只能在小范围内工作。

2. 相位相干法

在相位相干法中，各个发射器发出高频声波，测量到达各个接收点的相位差，由此得到点与点的距离，再由三角运算得到被测物体的位置。由于发射的声波是正弦波，发射器与接收器的声波之间存在相位差，这个相位差与距离有关。通过测量超声传输的相位差，就可以确定距离，这就是相位相干法的工作原理。相位相干法是增量测量法，它测量的是这一时刻的距离与上一时刻的距离之差（增量），因此相位相干法存在误差积累问题。

声学跟踪器的优点是不受电磁干扰，不受邻近物体的影响，其接收器较为轻便，易于安装在头盔上。但它也有一定的缺点，其工作范围有限，信号传输不能受遮挡，受温度、气压、湿度的影响（改变声速，造成误差），受环境反射声波的影响，以及每步的测量误差都会随时间积累。

对于适当精度和速度的点跟踪，超声传感器比电磁传感器更便宜，跟踪范围更大，没有磁干扰问题。但超声传感器必须保持无障碍的视线，而且等待时间与最大的被测距离成正比。超声传感器和电磁传感器都是常用的位置传感器。它们构造较简单、经济，不怕铁磁材料引起误差，精度适中，可以满足一般要求，常用于手部与头部跟踪。

2.3.3　光学跟踪系统

光学跟踪技术也是一种较常见的跟踪技术。它通常利用摄像机等设备获取图像，通过立体视觉计算，由传递时间（如激光雷达）或由光的干涉测量距离信息，并通过观测多个参照点来确定目标位置。光学跟踪系统的感光设备多种多样，从普通摄像机到光敏二极管都有应用。可采用的光源也很多，可以使用被动环境光（如立体视觉），也可以使用结构光（如激光扫描），或使用脉冲光（如激光雷达）。为了防止可见光对用户的观察视线造成影响，目前多采用红外线、激光等作为光源。基于光学的跟踪系统主要分为标志系统、模式识别系统和激光测距系统三种。

1. 标志系统

标志系统也被称为信号灯系统或固定传感器系统。它是当前使用最多的光学跟踪技术。它有外向内结构和内向外结构两种。在外向内结构的标志系统中，会将一个或几个发射器（发光二极管、特殊的反射镜等）安装在被跟踪的运动物体上，一些固定的传感器从外面观测发射器的运动，从而得出被跟踪物体的运动情况。内向外系统则正好相反，通过装在运动物体上的传感器从里面向外观测那些固定的发射器，从而得出自身的运动情况，就好像人类通过观察周围固定景物的变化得出自己身体位置的变化一样。内向外系统比外向内系统更容易支持多用户作业，因为它不必去分辨两个活动物体的图像。但内向外系统在跟踪比较复杂的运动，尤其是跟踪像手势那样的复杂运动时比较困难，因此数据手套上的跟踪系统一般是采用外向内结构。

2. 模式识别系统

模式识别系统指跟踪器通过比较已知的样本模式和由传感器得到的模式来得出物体的位置，是对标志系统的改进。在模式识别系统中，几个发光二极管（LED）那样的发光器件会按某一阵列（即样本模式）排列，并被固定在被跟踪对象身上。然后由摄像机跟踪拍摄运动的 LED 阵列，记录整个 LED 阵列模式的变化。这实际上是将人的运动抽象为固定模式的 LED 点阵的运动，从而避免从图像中直接识别被跟踪物体所带来的复杂性。

但当目标之间的距离较近时，模式识别系统很难精确测出目标的位置和方向，并且会受到摄像机分辨率的限制和视线障碍的影响，这类系统仅适用于相对较小的有效测量空间。光学跟踪系统通常在台式计算机或墙上安放摄像机，在固定位置观察目标。为了得到立体视觉和弥补摄像机分辨率不足的问题，通常会使用多个摄像机和多种不同摄像面积（如窄角和广角）的镜头，这个系统可直接确定目标的位置和方向，而且在摄像机的分辨率足够时，还可增加摄像机的数量来覆盖任意区域。

另外一种基于模式识别原理的跟踪器是图像提取跟踪系统。它应用剪影分析技术，其实质是一种在三维上直接识别物体并定位的技术。该技术使用摄像机等一些专用的设备对拍摄到的图像进行实时识别，分析出所要跟踪的物体。这种跟踪设备容易使用但较难开发，它由一组（两台或多台）摄像机拍摄人及人的动作，然后通过图像处理技术来分析确定人的位置及动作，这种方法最大的特点是对用户没有约束，它不会像电磁跟踪设备那样受附近的磁场或金属物质的影响，因此在使用上非常方便。

图像提取跟踪系统对被跟踪物体的距离、环境的背景等要求较高，通常物体距离过远、灯光过亮或过暗都会影响其识别系统的精度。另外，摄像机数量较少时可能使被跟踪的物体出现在拍摄视野之外，而数量较多时又会增加采样识别算法复杂度与系统冗余度，因此目前应用并不广泛。

3. 激光测距系统

激光测距光学跟踪设备是将激光发射到被测物体，然后接收从物体上反射回来的光来测量位置。激光通过一个衍射光栅射到被跟踪物体上，然后接收经物体表面反射的二维衍射图像信号。图 2-26 所示为激光测距设备。

图 2-26　激光测距设备

这种经反射的衍射图信号会带有一定的畸变，而这一畸变的大小与距离有关，所以可以根据畸变大小来测量距离。像其他许多位置跟踪系统一样，激光测距系统的工作空间也受到限制。由于激光强度在传播过程中的减弱，使得激光衍射图样随距离增加变得越来越难以区别，因此其精度也会随距离增加而降低。但它无须在跟踪目标上安装发射/接收器的优点，使它具有广阔的发展前景。

与其他位置跟踪设备相比，由于光的传播速度很快，因此光学式位置跟踪设备最显著的优点是速度快，以及具有较高的更新率和较低的延迟，适合对实时性要求高的场合。其缺点是要求发射路径畅通无阻，不能有视线阻挡。它常常不能进行角度方向的数据测量，只能进行 X、Y、Z 轴上的位置跟踪。另外，光学测距系统的工作范围和精度之间也存在矛盾，在小范围内工作效果较好，随着距离变大，其性能会变差。一般可以通过增加发射器或增加接收传感器的数目来缓解这一矛盾。但这会增加成本和系统的复杂性，进而对实时性产生一定的影响。价格昂贵也是光学跟踪器的一个缺点，这使它一般只在军用系统中使用。

2.3.4　机械跟踪系统

机械式位置跟踪器的工作原理是通过机械连杆装置上的参考点与被测物体相接触的方法来检测其位置变化。它通常采用钢体结构，这样一方面可以支撑观察的设备，另一方面可以测量被跟踪物体的位置与方向。一个六自由度的机械跟踪器，机械结构上必须有 6 个独立的机械连接部件，分别对应 6 个自由度，通过 6 个连接部件的组合运用，可以用几个简单的平动和转动组合表示任何一种复杂的运动。图 2-27 所示为机械跟踪装置通过控制关节来实现多个自由度。

图 2-27　机械跟踪装置

机械跟踪系统是一个精确且响应时间短的系统，而且它不受声、光、电磁波等外界因素的干扰。另外，它能够与力反馈装置组合在一起，因此在虚拟现实的应用中更具前景。它的缺点是比较笨重、不灵活，而且有一定的惯性。机械连接装置对用户有一定的机械束缚，所以不可能应用在较大的工作空间中。而且在不大的工作空间中还有一块中心地带是不能进入的（机械系统的死角），几个用户同时工作时也会相互产生影响。

2.3.5　惯性位置跟踪系统

惯性位置跟踪系统是近几年虚拟现实技术研究的方向之一，它通常采用机械的方法，通过盲推来得出被跟踪物体的位置。它不是一个六自由度的设备，它完全通过运动系统内部的推算得到位置信息而绝不牵涉外部环境，因此只适用于不需要位置信息的场合。图 2-28 所示为惯性传感器。

图 2-28　惯性传感器

惯性传感器是检测和测量物体加速度、倾斜角度、冲击、振动、旋转和多自由度运动的传感器。它使用加速度计和角速度计来分别测量物体的加速度和角速度，线性加速度计可以同时测量物体在三个方向上的加速度，角速度计利用陀螺原理测量物体的角速度。综合分析与处理这些数据后，便可以描述物体旋转和运动的状态。

惯性传感器的主要特点是不需要发射信号，设备轻便。因此惯性传感器在跟踪时，不怕遮挡，没有视线障碍和环境噪声问题，而且有无限大的工作空间，延迟时间短，抗干扰能力强。惯性传感器的缺点是漂移误差会随时间积累，重力场导致输出失真，测量的非线性（由于材料特性或温度变化），角速度计对振动敏感，难以测量慢速的位置变化，以及重复性差。因为目前尚无实用系统出现，所以对其准确性和响应时间还无法评估。在虚拟现实系统中的应用纯粹的惯性跟踪系统还有一段距离，但将惯性跟踪系统与其他成熟的应用技术结合，以弥补其他系统的不足，是一个很有潜力的发展方向。

2.4 虚拟世界生成设备

在虚拟现实系统中，计算机是虚拟世界的主要生成设备，所以计算机也被称为"虚拟现实引擎"。它首先创建出虚拟世界的场景，同时还必须实时响应用户各种模态方式的输入。计算机的性能在很大程度上决定了虚拟现实系统的性能，虚拟世界本身的复杂性及对实时性计算的要求，使运行虚拟环境所需的计算量极为巨大，这也对计算机的配置提出了极高的要求。

虚拟世界生成设备可分为基于高性能个人计算机的虚拟现实系统、基于高性能图形工作站的虚拟现实系统、高度并行的计算机系统和基于分布式计算机的虚拟现实系统四大类。基于高性能个人计算机的虚拟现实系统主要采用普通计算机配置的图形加速卡（显卡），通常用于初级虚拟现实系统；基于高性能图形工作站的虚拟现实系统一般配备 SUN 或 SGI 公司的可视化工作站；高度并行的计算机系统采用高性能并行体系；而基于分布式计算机的虚拟现实系统则采用网络连接的分布式结构计算机系统。

虚拟世界生成设备的主要功能包括以下几方面。

（1）视觉通道信号的生成与显示。虚拟现实系统需要生成显示所需的三维立体、高真实感的复杂场景，并能根据视点的变化进行实时绘制与显示。

（2）听觉通道信号的生成与显示。该功能支持三维真实感声音的生成与播放。所谓三维真实感声音是指具有动态方位感、距离感和三维空间效应的声音。

（3）触觉和味觉通道信号的生成与显示。触觉可以通过佩戴有传感器的设备，设置振动或者刺激皮肤来触发；味觉通道理论上可以不需要制造真实的气味和食物，而是直接通过传递信息到神经中枢，从大脑着手，直接传输信号让用户感受到味觉或嗅觉等。

由于听觉通道的显示对计算机要求不是很高，触觉与味觉通道的显示还处于研究阶段，应用不多，现有的虚拟现实系统还处于初级阶段，视觉通道的显示技术是目前考虑最多的，也就是要让人感觉"看起来像真的"。所以目前要求计算机必须具有高速的计算能力和强有力的图形处理能力。为了达到上述功能，对虚拟世界生成设备也提出了一些要求。

（1）帧频和延迟时间。虚拟现实系统要求高速的帧频和快速响应，这是由其内在的交互性质决定的。帧频是指新场景更新旧场景的时间，当达到每秒 20 帧以上时就产生连续运动的幻觉。帧频大致分为图形帧频、计算帧频、数据存取帧频。为了维持在虚拟世界中的临场感和沉浸感，图形帧频是最关键的。试验表明，图形帧频应尽可能高，低于每秒 10 帧的帧频将严重降低临场的幻觉。如果图形显示依靠计算和数据存取，则计算和数据存取帧频必须为 8 ～ 10 帧 / 秒，以维持用户的视觉残留。

（2）计算能力和场景复杂性。虚拟现实技术中的图形显示是一种时间受限的计算。这是因为显示的帧频必须符合人的要求，至少要大于 10 帧 /s（FPS）。因此，系统在 0.15s 内必须完成一次场景计算。如果显示的场景中有 10000 个三角形（或多边形）反映了场景复杂性，那么在每秒进行的 10 次计算中，就应该计算 100000 个三角形（或多边形），这表示了计算能力。

2.4.1　基于 PC 的 VR 系统

对基于 PC 环境的虚拟现实系统来说，一方面计算机 CPU 和 GPU 的处理速度在不断提高，系统的结构也在发展以突破各种瓶颈；另一方面可以借鉴大型 UNIX 图形工作站的并行处理技术，即通过多块 CPU 和多块 GPU，将三维处理任务分派到不同的 CPU 和 GPU，可以将系统的性能成倍地提高。

图 2-29 所示为基于 PC 的虚拟现实系统。在这个系统中，其核心部分是计算机内部的 GPU。GPU 也叫显卡或图形加速卡，现阶段主要有 NVIDIA 和 AMD 两个品牌，在价值相同的情况下，它们的 GPU 产品在消费市场的表现相差不大，NVIDIA 系列卡主要有低功耗、驱动成熟、产品线完善（低、中、高端产品型号全）等优势，而 AMD 系列卡主要有性价比高、运算能力强等优势。

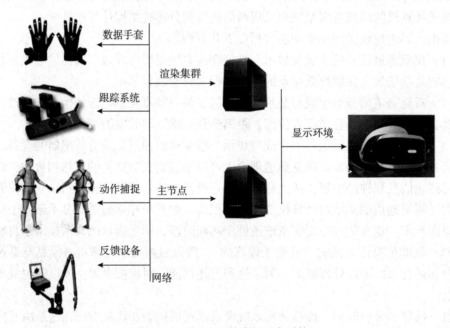

图 2-29　基于 PC 的虚拟现实系统

2.4.2　基于图形工作站的 VR 系统

在当前计算机应用中，规模仅次于 PC 的计算系统是工作站。与 PC 相比，工作站有更强的计算能力、更大的磁盘空间和更快的通信方式。有一些公司在其工作站上开发了虚拟现实功能。

1. 联想 ThinkStation P520c

图 2-30 为 ThinkStation P520c 工作站，它的前面板划分为上下两个部分：上半部分为电源、光驱、USB、耳机等扩展接口；下半部分为蜂巢状进风口。

在硬件上，联想 ThinkStation P520c 工作站配备 W2123 处理器，四核八线程，并配备每秒 2666 兆次的 DDR4 内存，显卡方面则采用 NVIDIA8 GB Quadro P600 专业系列。

2. 移动图形工作站 HP ZBook G3 系列

图 2-31 所示为 HP ZBook G3 系列，其主要定位为工作站或绘图路线。该系列包含两款产品，分别为 ZBook15 和 ZBook17G3，该系列一般都会采用较为厚重的设计，优势就是保留足够大的内部空间，增强移动工作站的性能和扩充性。其劣势就是重量与体积较大，携带时会较为费力，但是消费者可依需求不同来做选择。ZBook17G3 的尺寸为（420×280×30）mm，基本重量为 3kg 起。选配 Intel Xeon 系列的 CPU，配合稳定高速的 ECC DDR4 内存，就能够发挥强劲的性能。除了性能，HP ZBook17G3 搭载了一块 4K 高清分辨率面板，可以对色泽进行高度还原。

图 2-30　联想 ThinkStation P520c　　　　图 2-31　HP ZBook15G3

2.4.3　基于分布式计算机的 VR 系统

在虚拟现实系统中，有些现象如流体分析、风洞流体、复杂机械变形等，涉及复杂的物理建模与求解，因此数据量十分巨大，需要由超级计算机计算出场景数据结果，再通过网络发送到显示它们的图形“前端”工作站去进行显示。

超级计算机又称巨型机，属于分布式的计算机系统，是计算机中功能最强、运算速度最快、存储容量最大和价格最贵的一类计算机。超级计算机多用于国家高科技领域和国防尖端技术研究，例如核武器设计、核爆炸模拟、反导弹武器系统、空间技术、空气动力学、大范围气象预报、石油地质勘探等。

在 2020 年 6 月 23 日最新发布的世界超级计算机 TOP500 排名中，排名第四的神威·太湖之光是由中国国家并行计算机工程技术研究中心（NRCPC）开发的系统，如图 2-32 所示。第五名是天河二号，这是中国国防科技大学（NUDT）开发的系统。它部署在中国广州的国家超级计算中心。

图 2-32　神威·太湖之光超级计算机

2.4.4　三维建模设备

1. 三维扫描仪

三维扫描仪（3 Dimensional Scanner）又称三维数字化仪，是一种较为先进的三维模型建立设备，它是当前使用的对实际物体进行三维建模的重要工具，能快速方便地将真实世界的立体彩色的物体信息转换为计算机能直接处理的数字信号，为实物数字化提供了有效的手段。图 2-33 所示为使用三维扫描仪对物品进行扫描。

图 2-33　三维扫描建模

它与传统的平面扫描仪、摄像机、图像采集卡相比有很大不同。首先，其扫描对象不是平面图案，而是立体的实物。其次，通过扫描，可以获得物体表面每个采样点的三维空间坐标，彩色扫描还可以获得每个采样点的色彩。某些扫描设备甚至可以获得物体内部的结构数据。而摄像机只能拍摄物体的某一个侧面，而且会丢失大量的深度信息。最后，它输出的不是二维图像，而是包含物体表面每个采样点的三维空间坐标和色彩的数字模型文件。这可以直接用于 CAD 或三维动画。三维彩色扫描仪还可以输出物体表面的色彩纹理贴图。

除了专业的建模设备，使用摄像机等摄影设备进行拍摄后，也可以通过图片处理软件处理成模型，如图 2-34 所示。

图 2-34　摄像机建模

2. 运动捕捉

以往的建模方式一般采用 3DMAX 或 Maya 建模工具实现，其制作周期长，实现难度大。如果在模型制作中需要一帧一帧地制作虚拟人物的动作，传统方式只能采取原始的手工方法，在软件中一帧一帧地去调整人物的骨骼数据，同时由于调整骨骼动作对技术人员的要求很高，很难在短时间里做出满意的结果，动作常常古怪变形，因此大量的时间都耗费在了骨骼动作的调整上，这直接造成了所有涉及骨骼动作的作品建模速度非常缓慢，影响了制作的进度周期。运动捕捉技术的应用，可以大幅缓解以上问题。

对人类来说，表情和动作是情绪、愿望的重要表达形式，运动捕捉技术完成了将表情和动作数字化的工作，提供了新的人机交互手段，比传统的键盘、鼠标更直接方便，不仅可以实现"三维鼠标"和"手势识别"，还使操作者能以自然的动作和表情直接控制计算机。这是虚拟现实系统必不可少的工作，这也正是运动捕捉技术的研究内容。

运动捕捉的原理就是把现实中人的动作完全附加到一个三维模型或者角色动画上。表演者穿着特制的表演服，在肩膀、肘弯和手腕等关节部位绑上闪光小球，反映出手臂的运动轨迹。在运动捕捉系统中，通常并不要求捕捉表演者身上每个点的动作，而只需要捕捉若干个关键点的运动轨迹，再根据造型中各部分的物理、生理约束就可以合成最终的运动画面。图 2-35 所示为使用动作捕捉系统对人物的运动及面部进行捕捉。

图 2-35 动作捕捉系统对人物的运动及面部进行捕捉

　　近几年来，在促进影视特效和动画制作发展的同时，运动捕捉技术的稳定性、操作效率及应用弹性等都得到了迅速提高，成本也有所降低。如今的运动捕捉技术可以迅速记录人体的动作，进行延时分析或多次回放。通过被捕捉的信息，可以生成某一时刻人体的空间位置，复杂的运动捕捉系统可以计算出任何面部或躯干肌肉的细微变形，然后直观地将人体的真实动作匹配到所设计的动作角色上。

习题

1. 虚拟现实系统的硬件构成有哪些？
2. 什么是跟踪器？跟踪器有哪些重要性能参数？
3. 什么是头盔显示器，目前有哪些主要产品？
4. 三维建模设备有哪些？
5. 谈谈触觉在 VR 技术中的作用。

第3章

虚拟现实系统的相关技术

🩺 学习目标

（1）掌握虚拟现实技术的立体显示技术。

（2）掌握虚拟现实技术的三维建模技术。

（3）掌握真实感实时绘制技术。

（4）了解人机自然交互与传感技术。

（5）了解实时碰撞检测技术。

（6）了解数据传输技术。

（7）了解虚拟现实技术关键技术的运用。

　　虚拟现实技术主要包括模拟环境、感知、自然技能和传感设备等方面，是由计算机生成的虚拟世界，用户能够进行视觉、听觉、触觉、力觉、嗅觉、味觉等全方位交互。然而，由于目前的计算机设备性能有限，因此满足虚拟现实环境的技术要求显得尤为重要。要生成一个三维场景并使场景图像能随视角不同实时地显示变化，除了必要的设备，还需要相应的技术理论支持。虚拟现实技术是多种技术的综合，其关键技术主要包括立体高清显示技术、三维建模技术、三维虚拟声音技术、人机交互技术等。

3.1　立体显示技术

　　立体显示技术是虚拟现实的关键技术之一，它可以使用户在虚拟世界里具有更强的沉浸感，立体显示技术的引入可以使各种模拟器的仿真度更高。因此，通过立体成像技术，利用现有的计算机平台，结合相应的软硬件系统在平面显示器上显示立体视景，可以极大地提高虚拟现实系统的使用体验。目前，立体显示技术主要以佩戴立体眼镜等辅助工具来观看立体影像。随着人们的观影要求不断提高，立体显示将逐渐发展为裸眼式。立体显示还可以把图像的纵深、层次、位置全部展现，参与者可以更直观、更自然地了解图像的现实分布状况，从而更全面地了解图像或显示内容的信息。目前比较有代表性的技术有彩色眼镜法、偏振光眼镜法、裸眼立体显示技术和全息显示技术。

3.1.1　彩色眼镜法

彩色眼镜法的基本原理是将左右眼图像用红绿两种互补色在同一屏幕上同时显示出来，用户佩戴相应的补色眼镜（一个镜片为红色，另一个镜片为绿色），进行观察，这样每个滤色镜片都会吸收来自相反图像的光线，从而使双眼只能看到同色的图像。图 3-1 所示为补色眼镜。彩色眼镜法的缺点是容易造成用户色觉不平衡，产生视觉疲劳。

图 3-1　补色眼镜

3.1.2　偏振光眼镜法

偏振光眼镜法的基本原理是：将左右眼图像用与偏振方向垂直的光线在同一屏幕上同时显示出来，用户佩戴相应的偏振光眼镜（两个镜片的偏振方向垂直）进行观察，每个镜片都会阻挡相反图像的光波，从而使双眼只能看到相应的图像。偏振光眼镜法的原理如图 3-2 所示。

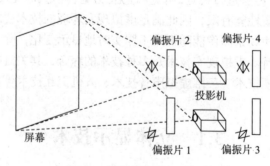

图 3-2　偏振光眼镜法原理图

3.1.3　裸眼立体显示技术

裸眼立体显示技术又称裸眼 3D 技术，它不需要用户配搭任何装置，直接观看显示设备就可感受到立体效果。裸眼 3D 技术主要分为光栅式自由立体显示和体显示。

1. 光栅式自由立体显示

光栅式自由立体显示主要是由平板显示屏和光栅组合而成，光栅的类型包括狭缝光栅和柱透镜光栅两类。其主要原理是：将左右眼视差图图像按一定规律交错排列并显示在平板显示屏上，然后利用光栅的分光作用将左右眼视差图像的光线向不同方向传播。当观看者位于合适的观看区域时，其左右眼会分别观看到相应的视差图像，从而获得立体视觉效果。光栅式自由立体显示原理如图 3-3 所示。

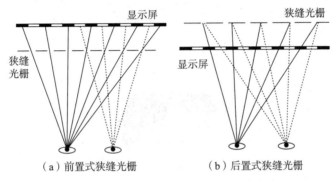

图 3-3　光栅式自由立体显示原理图

2. 体显示技术

体显示技术的基本原理是通过特殊的显示设备将三维物体的各个侧面图像同时显示出来。体显示基本原理如图 3-4 所示。

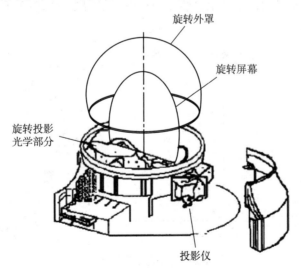

图 3-4　体显示基本原理图

3.1.4 全息显示技术

全息显示技术是利用干涉和衍射原理记录并再现物体真实的三维图像，从而产生立体效果的一种技术。3D全息投影技术是利用3D全息立体投影设备实现的。投影设备将物体以不同角度投影到全息投影膜上，让观测者看到自身视觉范围内的图像，从而实现真正的3D全息立体影像。图3-5所示为全息显示技术的原理图，其显示过程可分为两步。

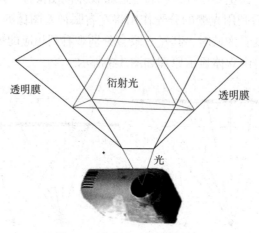

图 3-5　全息显示技术原理图

（1）利用干涉原理记录物体的光波信息，这是拍摄过程。被摄物体在激光辐照下形成漫射式物光束，另一部分激光作为参考光束射到全息底片上，和物光束叠加产生干涉，把物体光波上各点的位相和振幅转换成在空间上变化的强度，从而利用干涉条纹间的反差和间隔将物体光波的全部信息记录下来。记录着干涉条纹的底片经显影、定影等处理程序后，成为一张全息图，或称全息照片。拍摄过程的原理如图3-6所示。

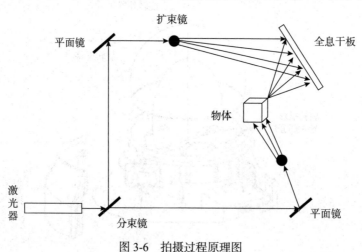

图 3-6　拍摄过程原理图

（2）利用衍射原理再现物体光波的信息，这是成像过程。全息图犹如一个复杂的光栅，在激光照射下，一张线性记录的正弦型全息图的衍射光波一般可给出两个像，即原像和共轭像。再现的图像立体感强，具有真实的视觉效应。全息图的每一部分都记录了物体上所有点位的光信息，因此原则上它的每一部分都能再现原物的这个图像，通过多次曝光还可以在同一张底片上记录多个不同的图像，而且能互不干扰地分别显示出来。成像过程的原理如图 3-7 所示。

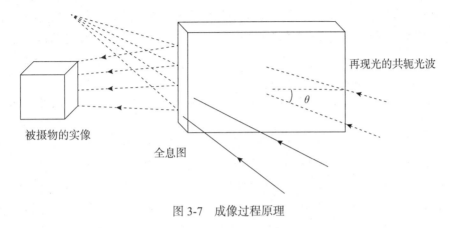

再现光的共轭光波

θ

被摄物的实像

全息图

图 3-7　成像过程原理

3.2　三维建模技术

　　虚拟环境建模的目的在于获取实际三维环境的三维数据，并根据其应用的需要，利用获取的三维数据建立相应的虚拟环境模型。只有设计出能反映研究对象的真实有效的模型，虚拟现实系统才有可信度。虚拟现实系统中的虚拟环境，可分为下列几种类型。

　　（1）模仿真实世界中的环境（系统仿真）；

　　（2）人类主观构造的环境；

　　（3）模仿真实世界中人类不可见的环境（科学可视化）。

　　建模是对显示对象或环境的仿真。虚拟对象或环境的建模是虚拟现实系统建立的基础，也是虚拟现实技术中的关键技术之一。建模可分为对象建模和环境建模，对象建模主要研究对象的形状和外观的仿真，环境建模主要涉及几何建模、物理建模、行为建模等。评价虚拟建模的技术指标包括精确度、操纵效率、易用性、实时显示能力。

3.2.1　几何建模技术

　　几何建模是在虚拟环境中建立物体的形状和外观，产生实际的或想象的模型。虚拟环境中的几何建模是物体几何信息的表示和处理，需要设计表示几何信息的数据结构、相关的构造与操纵该数据结构的算法。虚拟环境中的每个物体都包含形状和外观两个方面：物体的形状由构造物体的各个多边形、三角形及它们的顶点等内容来确定；物体的外观则是由表面纹理、材质、颜色、光照系数等内容决定的。因此，用于存储虚拟环境中几何模型的模型文件应该提供上述信息。

1. 形状建模

形状建模通常采用的方法有人工几何建模方法和数字化自动几何建模方法。

（1）人工几何建模方法。人工几何建模方法是利用虚拟现实工具软件编程进行建模，例如 OpenGL、Java3D、VRML 等。这类软件主要针对虚拟现实技术的建模特点而编写，编程容易、效率较高。可以直接从某些商品图形库中选取所需的几何图形，从而避免直接用多边形拼构某个对象外形时繁琐的过程，也可以节省大量的时间。交互式建模软件也可用来进行建模，例如 AutoCAD、3ds Max、Maya、Autodesk 123D 等，图 3-8 所示为应用 3ds Max 制作的人体器官模型。用户可交互式创建某个对象的几何图形，但并非所有要求的数据都要以虚拟现实要求的形式提供，实际使用时可将数据通过相关程序或手工导入工具软件。

（2）数字化自动几何建模方法。数字化自动几何建模方法主要指采用三维扫描仪对实际物体进行三维扫描，实现数字化自动建模。激光手持式三维扫描仪如图 3-9 所示，其自带校准功能，工作时可将激光线照射到物体上，再由两个相机来捕捉这一瞬间的三维扫描数据。由于物体表面的曲率不同，光线照射在物体上会发生不同角度的反射和折射，然后这些信息会通过第三方软件转换成 3D 模型。激光手持式三维扫描仪的优势是即使在扫描过程中快速移动扫描仪，也同样可以获得很好的扫描效果。

图 3-8　3ds Max 制作的人体器官模型

图 3-9　激光手持式三维扫描仪

2. 外表建模

对象的外表是一种物体区别于其他物体的最显著的特征。虚拟现实系统中虚拟对象的外表真实感主要取决于它的表面反射和纹理。一般来说，只要时间足够宽裕，用增加物体多边形的方法就可以绘制出十分逼真的图形表面。但是虚拟现实系统对实时性要求很高，因此，省时的纹理映射技术在虚拟现实系统几何建模中得到广泛的应用。用纹理映射技术处理对象的外表，一是增加了细节层次及景物的真实感，二是提供了更好的三维空间线索，三是减少了多边形的数目，因而提高了帧刷新率，增强了复杂场景的实时动态显示效果。

此外，在外表建模时，光照也是需要考虑的因素。这里主要是指物体表面的反射光。

反射光由三个分量表示，分别是环境反射光、漫反射光、镜面反射光。图 3-10 所示为光照示意图，图中的白色小球是一个点光源，光线在立方体和球体两个对象上发生反射，产生明暗效果。

图 3-10　光照示意图

3.2.2　物理建模技术

物理建模是对虚拟对象的质量、重量、惯性、表面纹理（光滑或粗糙）、硬度、变形模式（弹性或可塑性）等特征的建模。物理建模是虚拟现实中较高层次的建模，它需要物理学和计算机图形学的结合运用，其中主要涉及力学反馈问题，包括重量建模、表面变形和软硬度的物理属性的体现。分形技术和粒子系统就是典型的物理建模方法。

1. 分形技术

分形理论认为，分形曲线、曲面具有精细结构，表现为处处连续，但往往是处处不可导，其局部与整体存在惊人的自相似性。因此，分形技术是指可以描述具有自相似特征的数据集，在虚拟现实系统中一般仅用于静态远景的建模。自相似特征的典型例子是树，如果不考虑叶的区别，树枝看起来也像一棵大树。由树枝构成的树丛在适当的距离看也像真的树丛。这种结构上的自相似指的是统计意义上的自相似。自相似结构可用于复杂不规则外形物体的建模。该技术首先被用于河流和山体的地理特征建模。例如，分形技术模拟山体形态（图 3-11），可利用三角形来生成一个随机高度的地形模型，取三角形三边的中点并按顺序连接起来，将三角形分割成 4 个三角形，再在每个中点随机赋予一个高度值，然后递归此过程，就可以产生近似山体的形态。

分形技术的优点是通过简单的操作就可以完成复杂的不规则物体的建模，缺点是计算量太大，实时性较差。

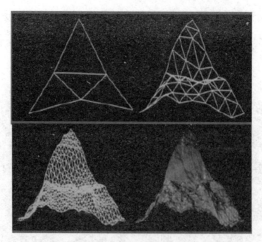

图 3-11 分形技术模拟山体形态

2. 粒子系统

粒子系统是一种典型的物理建模系统，它用简单的体积元素（简称体素）完成复杂的运动建模。体素的选取决定了建模系统所能构造的对象范围。粒子系统由大量成为粒子的简单体素构成，每个粒子都具有位置、速度、颜色和生命等属性，这些属性可根据动力学计算和随机过程得到。粒子系统的原理，就是将人们看到的物体运动和自然现象，用一系列运动的粒子来描述，再将这些粒子运动的轨迹映射到显示屏上，在显示屏上看到的就是物体运动和自然现象的模拟效果了。利用粒子系统生成画面的基本步骤如下。

（1）产生新的粒子；

（2）赋予每一新粒子一定的属性；

（3）删去那些已经超过生存期的粒子；

（4）根据粒子的动态属性对粒子进行移动和变幻；

（5）显示由有生命的粒子组成的图像。

在虚拟现实中，粒子系统常用于描述火焰、水流、雨雪、旋风、喷泉、战场硝烟、飞机尾焰、爆炸烟雾等现象。图 3-12 所示是使用粒子系统建模的烟花效果图。

图 3-12 使用粒子系统建模的烟花效果图

3.2.3　行为建模技术

行为建模是建立模型的行为能力，并且使模型服从一定的客观规律。虚拟现实的本质就是对客观世界的仿真或折射，虚拟现实的模型是客观世界中物体或对象的代表。而客观世界中的物体或对象除了具有外形、质感等表观特征，还具有一定的行为能力并要符合客观规律。例如，把桌子上的重物移出桌面，重物不应悬浮在空中，而应当做自由落体运动。因为重物不仅具有一定的外形，还具有一定的质量并受到地球引力的作用。

作为对虚拟现实的自主性的体现，不仅要有对象的运动和物理特性对用户行为直接反应的数学建模，还可以建立与用户输入无关的对象行为模型。虚拟现实的自主性的特性，简单地说是指动态实体的活动、变化与周围环境和其他动态实体之间的动态关系，它们不受用户的输入控制（即用户不与之交互）。例如，战场仿真虚拟环境中直升机螺旋桨的不停旋转；虚拟场景中的鸟在空中自由地飞翔，当人接近它们时它们要飞远等行为。

3.3　真实感实时绘制技术

要实现虚拟现实系统中的虚拟世界，仅有立体显示技术是远远不够的，虚拟现实还有真实感与实时性的要求，也就是说虚拟世界的产生不仅需要真实的立体感，而且虚拟世界还必须实时生成，这就必须采用真实感实时绘制技术。

真实感实时绘制技术是在当前的图形算法和硬件条件限制下提出的，在一定时间内完成真实感绘制的技术。真实感的含义包括几何真实感、行为真实感和光照真实感。几何真实感是指与描述的真实世界中的对象具有十分相似的几何外观；行为真实感是指建立的对象对于观察者而言在某些意义上是完全真实的；光照真实感是指模型与光源相互作用产生的与真实世界中亮度和明暗一致的图像。而"实时"的含义则包括对运动对象位置和姿态的实时计算与动态绘制，画面更新达到人眼观察不到闪烁的程度，并且系统对用户的输入能立即做出反应并产生相应场景及同步的事件，它要求当用户的视点改变时，图形显示速度也必须跟上视点的改变速度，否则会产生迟滞现象。

3.3.1　基于图像的实时绘制技术

真实感绘制技术是在当前图形算法和硬件条件限制下营造模型真实感的技术。其主要任务是模拟真实物体的物理属性，即物体的形状、光学性质、表面纹理和粗糙程度，以及物体间的相对位置、遮挡关系等。

为了提高显示的逼真度，加强真实性，常采用下列方法。

1. 纹理映射

纹理映射是将纹理图像贴在简单物体的几何表面，使其看上去与描述物体表面的纹理细节相似，加强真实性。它的实质是用二维的平面图像代替三维模型的局部。纹理映射前后的对比如图 3-13 所示。

图 3-13　纹理映射前后的对比图

2. 环境映射

环境映射是采用纹理图像来表示物体的镜面反射和规则透视效果。环境映射的效果如图 3-14 所示。

图 3-14　环境映射效果图

3. 反走样

走样是图像的像素性质造成的失真现象。反走样方法的实质是提高像素的密度。反走样有两种方法，一种是提高绘制图形的分辨率，再由像素值的平均值计算正常分辨率的图形。另一种是采用加权区域采样技术，也就是计算相邻对接元素对一个像素点的影响，再把它们加权求和得到最终像素值。

3.3.2　基于几何图形的实时绘制技术

实时绘制技术是侧重三维场景的实时性，在一定时间内完成绘制的技术。传统的虚拟场景基本上都是基于几何的，就是用数学意义上的曲线、曲面等数学模型预先定义好虚拟场景的几何轮廓，再采用纹理映射、光照等方法对数学模型加以渲染。大多数虚拟现实系统的主要部分是构造一个虚拟环境，并让使用者能从不同的方向进行漫游。要达到这个目标，首先要构造几何模型，其次是要让虚拟摄像机在 6 个自由度运动，并得到相应的输出画面。除了要在硬件方面采用高性能的计算机，提高计算机的运行速度以提高图形显示能力，还可以降低场景的复杂度，即降低图形系统需处理的多边形数目。降低场景复杂度的方法如下。

1. 预测计算

预测计算的原理是根据各种运动的方向、速率和加速度等运动规律，可在下一帧画面绘制之前用预测、外推法等方法推算出跟踪系统及其他设备的输入，从而减少由输入设备所带来的延迟。

2. 脱机计算

脱机计算是指在实际应用中有必要尽可能将一些可预先计算好的数据进行预先计算并存储在系统中，这样能加快需要运行时的速度。

3. 3D 剪切

3D 剪切是指将一个复杂的场景划分为若干个子场景，系统针对可视空间进行剪切。虚拟环境在可视空间以外的部分会被剪掉，这样就能有效地减少在某一时刻所需要显示的多边形数目，以减少计算量，从而有效降低场景的复杂度。

4. 可见消隐

可见消隐是指系统仅显示用户当前能"看见"的场景，当用户仅能看到整个场景很小的部分时，系统仅显示相应场景，这样可大幅减少所需显示的多边形的数目。

5. 细节层次（level of detail，LOD）模型

细节层次是指对同一场景或场景中的物体，使用具有不同细节的描述方法得到一组模型。在实时绘制时，对场景中的不同物体或物体的不同部分，采用不同的细节描述方法。对于虚拟环境中的一个物体，同时建立几个具有不同细节水平的几何模型。通过对场景中的每个图形对象的重要性进行分析，对重要的图形对象采用较高质量的绘制，而不重要的图形对象采用较低质量的绘制，这样可以在保证实时图形显示的前提下最大限度地提高视觉效果。

3.4 三维虚拟声音的实现技术

三维虚拟声音能够在虚拟场景中使用户准确地判断声源的精确位置，符合人们在真实世界中的听觉方式。其技术价值在于能使用两个音响模拟出环绕声的效果，虽然不能和真正的家庭影院相比，但是在最佳的听音位置上，其效果是可以接受的，这项技术的缺点就是对听音位置要求较高。

3.4.1 三维虚拟声音的概念与作用

立体声是指具有立体感的声音。自然界发声的声音是立体声，但如果把这些立体声经记录、放大等处理后再进行重放时，所有的声音都会从一个扬声器放出来，这种重放声就不是立体声了。这是由于各种声音都是从同一个扬声器发出来，原来的空间感也消失了，这种重放声就叫作单声。如果在从记录到重放这个过程中，整个系统能够在一

定程度上恢复原来的空间感，那么这种具有一定程度的方位层次等空间分布特性的重放声，就可称为音响技术中的立体声。

虚拟环境中的三维虚拟声音与人们熟悉的立体声音有所不同。三维虚拟声音来自围绕听者双耳的一个球形中的任何地方，声音可以出现在头的上方、后方或者前方。虚拟声音是在双声道立体声的基础上，不增加声道和音箱，将声场信号通过电路处理后播出，使聆听者感到声音来自多个方位，产生仿真的立体声场。例如，在战场模拟训练系统中，当听到了对手射击的枪声时，就能像在现实世界一样准确且迅速地判断出对手的位置，如果对手在身后，听到的枪声就应该从后面发出。

3.4.2　三维虚拟声音的特征

三维虚拟声音具有全向三维定位和三维实时跟踪两大特性。

全向三维定位（3D Steering），是指在虚拟环境中对声源位置的实时跟踪。例如，当虚拟物体发生位移时，声源位置也应发生变化，这样用户才会觉得声源的相对位置没有发生变化。只有当声源变化和视觉变化同步时，用户才能产生正确的听觉和视觉叠加效果。

三维实时跟踪（3D Real-Time Localization），是指在三维虚拟环境中实时跟踪虚拟声源的位置变化或虚拟影像变化的能力。

3.5　人机自然交互与传感技术

在计算机系统提供的虚拟环境中，人应该可以使用眼睛、耳朵、皮肤、手势和语音等各种方式直接与之发生交互，这就是虚拟环境下的人机自然交互技术。在虚拟现实领域中较为常用的交互技术主要有手势识别、面部表情识别、眼动跟踪及语音识别等。

3.5.1　手势识别技术

手势识别技术是用户可以使用简单的手势来控制或与设备交互，让计算机理解人类的行为。其核心技术为手势分割、手势分析及手势识别。在计算机科学中，手势识别可以来自人的身体各部位的运动，但一般是指脸部和手的运动。

手势识别技术主要分为基于数据手套的手势识别和基于视觉（图像）的手势识别系统两种。基于数据手套的手势识别系统是利用数据手套和空间位置跟踪定位设备来捕捉手势的空间运动轨迹和时序信息，对较为复杂的手部动作进行检测，包括手的位置、方向和手指弯曲度等，并可根据这些信息对手势进行分析。基于视觉的手势识别是从视觉通道获得信号，通常采用摄像机采集手势信息，由摄像机连续拍摄手部的运动图像后，先采用轮廓识别的方法识别出手上的每个手指，进而再用边界特征识别的方法区分出一个较小的、集中的各种手势。手势识别技术主要有模板匹配、人工神经网络和统计分析技术。图 3-15 所示为手势识别技术示意图。

图 3-15　手势识别技术示意图

在手势规范的基础上，手势识别技术一般采用模板匹配方法将用户手势与模板库中的手势指令进行匹配，通过测量两者的相似度来识别手势指令，图 3-16 所示为规范手势图。

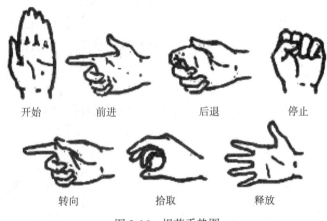

开始　　　　前进　　　　后退　　　　停止

转向　　　　拾取　　　　释放

图 3-16　规范手势图

3.5.2　面部表情识别

面部表情识别技术是用机器识别人类面部表情的一种技术。人可以通过脸部的表情表达自己的各种情绪，传递必要的信息。面部表情识别技术包括对人脸图像的分割、主要特征（如眼睛、鼻子等）的定位及识别。面部表情识别可在人与人交流过程中传递信息时发挥重要的作用。图 3-17 所示为面部表情识别技术。

图 3-17　面部表情识别技术

目前，计算机面部表情识别技术通常包括人脸图像的检测与定位、表情特征提取、模板匹配、表情识别等步骤。面部识别技术处理流程图如图 3-18 所示。

图 3-18　面部识别技术处理流程图

一般人脸检测的流程可以描述为：给定一幅静止图像或一段动态图像序列，从未知的图像背景中分割、提取并确认可能存在的人脸，如果检测到人脸，就提取人脸特征。在某些可以控制拍摄条件的场合，将人脸限定在标尺内，此时人脸的检测与定位相对容易。在另外一些情况下，人脸在图像中的位置是未知的，这时人脸的检测与定位将受以下因素的影响：人脸在图像中的位置、角度、不固定尺度，以及光照的影响；发型、眼镜、胡须及人脸的表情变化等；图像中的噪声等。人脸检测的基本思想是建立人脸模型，比较所有可能的待检测区域与人脸模型的匹配程度，从而得到可能存在人脸的区域。

在表情识别过程中，系统从根节点开始，逐级将待测表情和二叉树中的节点进行匹配，直到叶子节点，从而判断目标表情。表情识别系统如图 3-19 所示。

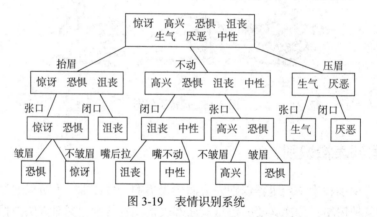

图 3-19　表情识别系统

3.5.3　眼动跟踪技术

人类可以经常在不转动头部的情况下，仅仅通过移动视线来观察一定范围内的环境或物体。为了模拟人眼的功能，人们在虚拟现实系统中引入眼动跟踪技术，眼动跟踪技术原理如图 3-20 所示。

眼动跟踪技术是利用图像处理技术，使用能锁定眼睛的特殊摄像机而实现的。通过摄入从人的眼角膜和瞳孔反射的红外线，连续地记录视线变化，从而达到记录和分析视线追踪过程的目的。常见的视觉追踪方法有眼电图、虹膜—巩膜边缘、角膜反射、瞳孔—角膜反射、接触镜等。常见的几种视觉追踪方法的比较如表 3-1 所示。

1 眼控仪内置红外光源、光学传感器、图像处理器以及视计算中心点

2 创建出对应的图像控射到人眼上

3 捕获用户头部、眼睛的图像信息

4 提取捕获图像的特征

5 精确计算注视点（Gaze Point）的位置

注视点

眼控仪

图 3-20　眼动跟踪技术原理示意图

表 3-1　常见的几种视觉追踪方法的比较

跟踪方法	特　　点
眼电图（EOG）	高带宽，精度低，对人干扰大
虹膜—巩膜边缘	高带宽，垂直精度低，对人干扰大
角膜反射	高带宽，误差大
瞳孔—角膜反射	低带宽，精度高，对人无干扰，误差小
接触镜	高带宽，精度最高，对人干扰大，不舒适

目前眼动跟踪技术主要存在的问题有数据提取问题、数据解析问题、精度和自由度问题、米达斯接触（Midas Touch）问题、算法问题。

3.5.4　语音应用技术

在虚拟现实系统中，与虚拟世界进行语言交互是一个高级目标。语音应用技术主要是指基于语音进行处理的技术，主要包括自动语音识别技术和语音合成技术，它是信息处理领域的一项前沿技术。

1. 自动语音识别技术

自动语音识别技术（automatic speech recognition，简称 ASR）是将人说话的语音信号转换为可被计算机程序所识别的文字信息，从而识别说话者的语音指令及文字内容的技术。一个完整的语音识别系统可大致分为语音特征提取、声学模型与模式匹配（识别算法）、语言模型与语言处理三个部分。

一般来说，语音识别的方法有三种，分别是基于声道模型和语音知识的方法、模式匹配的方法、利用人工神经网络的方法。

2. 语音合成技术

语音合成技术是将计算机自己产生的，或外部输入的文字信息按语音处理规则转换成语音信号输出，使计算机能够流利地读出文字信息，使人们通过"听"就可以明白信息的内容。

一个典型的语音合成系统可以分为文本分析、韵律建模和语音合成三大模块。常用的语音合成方法分类可分为按照合成方法分类和按照技术方式分类。按照合成方法分类可分为参数合成法、基音同步叠加法和基于数据库的语音合成法。按照技术方式分类可分为波形编辑合成法、参数分析合成法及规则合成法。

3.5.5 定位追踪技术

虚拟现实最大的特点是沉浸感。这种沉浸感一方面来自光学透视产生的大视场角，它能够包裹用户的视野，像观看 IMAX 电影一样身临其境；另一方面来自用户每一次智能交互时，都能在虚拟世界产生相应的效果，产生"现场"感，例如用户的移动、旋转等。而这些沉浸感的产生都离不开定位追踪技术。

虚拟现实的定位追踪技术主要用来解决 6 个自由度问题。即物体在三维空间的自由运动，包括 3 个平移和 3 个旋转。如果离开了定位追踪技术，虚拟现实将没有沉浸感而言。

1. 定位追踪的基础模型

定位追踪技术的基础模型基本相似：一个信号产生源在发出信号后，被能够感应到这个信号的传感器检测到（传感器放置在被追踪物体上），通过 USB 或无线方式传输给计算单元，计算单元根据不同技术路径建立相应的数学模型，使用相应的算法计算出物体的位置信息（6 个自由度信息）。图 3-21 所示为定位追踪基础模型示意图。

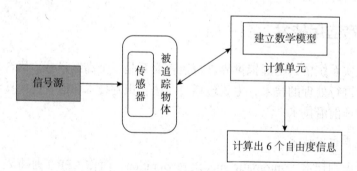

图 3-21　定位追踪基础模型示意图

2. 定位追踪技术

定位追踪技术可以根据用户的动作（如跳起、下蹲或前倾）来改变用户的视角，连接现实与虚拟世界。目前在虚拟现实中常见的定位追踪技术包括电磁追踪技术、声波追踪技术、惯性追踪技术和光学追踪技术等。

（1）电磁追踪技术。电磁追踪技术的信号产生源来自通电后的螺旋线圈（电生磁），传感器能够感应到磁场信息，并根据传感器返回的信息，判断物体的 6 个自由度信息。

该技术具有实时性好、精度高的优点；缺点是容易受到干扰，例如附近的电动机、磁铁、通电的导线等。

（2）声波追踪技术。声波追踪技术是指由超声波发射器发出特定的声波，被追踪物体上的传感器接收到信号并计算时间，来获得位置信息和方向信息，从而达到定位追踪效果。该技术容易受到温度、湿度、气压等因素影响，并且声波追踪设备调试过程很费时，而且由于环境噪声会产生误差、精度不高的问题。因此，声波追踪设备通常和其他设备（如惯性追踪设备）共同组成"融合感应器"，以实现更准确的追踪。

（3）惯性追踪技术。惯性追踪技术是使用加速度计和陀螺仪实现的：加速度计测量线性加速度，根据测量到的加速度可以得到被追踪物体的位置；陀螺仪测量角速度，根据角速度可以算出角度位置。惯性追踪技术的优点是性价比高，能提供高更新率及低延迟；缺点是会产生漂移，特别是在位置信息上，因此很难仅依靠惯性追踪确定位置。

（4）光学追踪技术。光学追踪技术是目前在虚拟现实设备中应用最广泛的追踪技术，光学追踪技术可分为红外光定位、可见光定位和激光定位。

红外光定位：其基本原理是利用多个红外发射摄像头对室内定位空间进行覆盖，在被追踪物体上放置红外反光点，通过捕捉这些反光点反射回摄像机的图像，确定其在空间中的位置信息。这类定位系统有着非常高的定位精度，如果使用高帧率摄像头，延迟也会大幅降低，能达到非常好的效果。

可见光定位：其基本原理是用摄像头拍摄室内场景，但是被追踪点用的不是反射红外线的材料，而是主动发光的标记点（类似小灯泡），不同的定位点用不同颜色进行区分。与红外光定位技术一样，该技术需要摄像头来采集这些可见光，然后将这些信息通过一定的算法，分别计算出各设备的位置。

激光定位：其基本原理是利用定位光塔，对定位空间发射沿横竖两个方向扫射的激光，在被定位物体上放置多个激光感应接收器，通过计算机两束光线到达定位物体的角度差，计算出待测定位节点的坐标。

3.6　实时碰撞检测技术

碰撞检测是用来检测两个对象之间是否发生相互作用的技术。在虚拟世界中，由于用户与虚拟世界的交互及虚拟世界中的相互运动，物体之间经常会出现发生相碰的情况。为了保证虚拟世界的真实性，就需要虚拟现实系统能够及时检测出这些碰撞，产生相应的碰撞反应并及时更新场景输出，否则就会发生穿模现象。正是由于碰撞检测技术的应用，才可以避免诸如人穿墙而过等不真实情况的发生，影响虚拟世界的真实感。图 3-22 所示为虚拟现实系统中两辆车发生碰撞反应前后的状态。

图 3-22　虚拟现实系统中两辆车发生碰撞反应前后的状态

在虚拟世界中检测碰撞，首先要检测出碰撞的发生及发生碰撞的位置，其次是计算出发生碰撞的反应。在虚拟世界中通常有大量的物体，并且这些物体的形状复杂，要检测这些物体之间的碰撞是一件十分复杂的事情，其检测跟踪量较大，同时由于虚拟现实系统有较高实时性要求，要求碰撞检测必须在很短的时间内（30 ～ 50ms）完成，因而碰撞检测成了虚拟现实系统与其他实时仿真系统的主要差别，碰撞检测是虚拟现实系统研究的重要技术。

3.6.1　碰撞检测的要求

为了保证虚拟世界的真实性，碰撞检测要有较高的实时性和精确性。基于视觉显示的要求，碰撞检测的频率一般至少要达到 24Hz；若是基于触觉要求，其频率至少要达到 300Hz 才能维持触觉交互系统的稳定性，只有达到 1000Hz 才能获得平滑的效果。精确性的具体要求取决于虚拟现实系统在实际应用中的要求。

3.6.2　碰撞检测的实现方法

最简单的碰撞检测方法是对两个几何模型中的所有几何元素进行两个一组的相交测试。这种方法可以得到正确的结果，但当模型的复杂度增大时，会因为计算量过大，导致十分缓慢，因此要实现对两物体间的快速精确碰撞检测。现有的碰撞检测算法主要划分为包围盒算法和空间分解算法两大类。

3.7　数据传输技术

3.7.1　5G 通信技术

5G 通信技术就是第五代移动通信技术。5G 相比于 4G，可以提供更高的速度、更低的时延、更多的连接数、更快的移动速率、更高的安全性及更灵活的业务部署能力。

5G 技术标准的重点是能满足物联网灵活多样的需要。在 OFDMA 和 MIMO 基础技术上，5G 为支持三大应用场景，采用了灵活的全新系统设计。在频段方面，与 4G 仅支持中低频频段不同，考虑到中低频频段资源有限，5G 同时支持中低频频段和高频频段，其中中低频频段用于满足覆盖和容量需求，高频频段用于满足在热点区域提升容量的需求，5G 针对中低频和高频设计了统一的技术方案，并支持 100MHz 的基础带宽。为了支持高速率传输和更优覆盖，5G 采用了 LDPC、Polar 等新型信道编码方案，性能更强的大规模天线技术等。为了实现低时延、高可靠的特性，5G 采用了短帧、快速反馈、多层 / 多站数据重传等技术。

5G 通信技术的关键技术有高频段传输、新型多天线传输、同时同频全双工和 D2D 这四项。

1. 高频段传输

移动通信的传统工作频段主要集中在 3GHz 以下，这使得低频段的频谱资源十分拥挤。而高频段（如毫米波、厘米波频段）的可用频谱资源丰富，能够有效缓解频谱资源紧张的现状，以实现极高速短距离通信，支持 5G 容量和高传输速率等需求。

2. 新型多天线传输

多天线技术经历了从无源到有源，从二维（2D）到三维（3D），从高阶 MIMO 到大规模阵列的发展，新型多天线传输技术可将频谱效率提升数十倍甚至更高，是目前 5G 技术重要的研究方向之一。由于引入了有源天线阵列，基站可支持的协作天线数量可达到 128 根。此外，原来的 2D 天线阵列也拓展成为 3D 天线阵列，形成新的 3D-MIMO 技术，支持多用户波束智能赋型，减少用户间干扰，结合高频段毫米波技术，将进一步改善无线信号的覆盖性能。

3. 同时同频全双工（CCFD）

最近几年，同时同频全双工技术吸引了业界的注意力。利用该技术，在相同的频谱上，通信的收发双方可同时发射和接收信号，与传统的时分双工（TDD）和频分双工（FDD）双工方式相比，从理论上可使空口频谱效率提高 1 倍。全双工技术能够突破时分双工和频分双工方式的频谱资源使用限制，使得频谱资源的使用更加灵活。然而，全双工技术需要具备极高的干扰消除能力，这对干扰消除技术提出了极高的要求，同时还存在相邻小区的同频干扰问题。

4. D2D

传统的蜂窝通信系统的组网方式是以基站为中心实现小区覆盖，而基站及中继器无法移动，其网络结构在灵活度上有一定的限制。D2D 技术无须借助基站的帮助就能够实现通信终端之间的直接通信，拓展网络连接和接入的方式。由于是短距离直接通信，信道质量高，D2D 能够实现较高的数据速率、较低的时延和较低的功耗；通过广泛分布的终端，能够改善覆盖，实现频谱资源的高效利用；支持更灵活的网络架构和连接方法，提升链路灵活性和网络可靠性。

3.7.2　蓝牙传输技术

蓝牙（Bluetooth）是一种短距离无线数据和语言传输的全球性开放式技术规范，工作在2.4GHz和5GHz频段。它以低成本的近距离无线连接为基础，为固定或移动通信设备之间提供通信链路，使得近距离内各种信息设备能够实现资源共享。蓝牙技术的设计初衷是将智能移动电话和笔记本电脑、掌上电脑及各种数字信息的外部设备用无线方式连接起来，进而形成一种个人网络，使得在其可达到的范围之内各种信息化的移动便携设备都能无缝地共享资源。

1. 什么是蓝牙

蓝牙是一种支持设备短距离通信的无线技术，功率主要分为CLASS1（传输距离100m）和CLASS2（传输距离10m）两种，能在移动电话、PDA、无线耳机、笔记本电脑、相关外设等众多设备之间实现无线信息交换。蓝牙的标准是IEEE802.15，工作在2.4GHz频带，物理带宽可达3Mbps。

2. 蓝牙通信的主从关系

蓝牙技术规定每一对设备之间必须由一个为主端，另一个为从端，这样才能进行通信。通信时必须由主端进行查找并发起配对，配对成功后双方即可收发数据。理论上，一个蓝牙主端设备可同时与7个蓝牙从端设备进行通信。一个具备蓝牙通信功能的设备可以在主端和从端之间切换，平时工作在从端模式，等待其他主端设备来连接，需要时可转换为主端模式，向其他设备发起呼叫。一个蓝牙设备以主端模式发起呼叫时，需要知道对方的蓝牙地址及配对密码等信息，配对完成后可直接发起呼叫。

3. 蓝牙的呼叫过程

蓝牙主端设备发起呼叫的过程首先是查找，找出周围可被查找的蓝牙设备，此时从端设备需要处于可被查找的状态。主端设备找到从端蓝牙设备后，与从端蓝牙设备进行配对，此时需要输入设备的PIN码，一般蓝牙耳机的PIN码默认为1234或0000，立体声蓝牙耳机默认为8888，也有的设备不需要输入PIN码。配对完成后，从端蓝牙设备会记录主端设备的信息，此时主端设备即可向从端设备发起呼叫，根据应用不同，可能是ACL数据链路呼叫或SCO语音链路呼叫。已配对的设备在下次呼叫时，不再需要重新配对。已配对的从端设备如蓝牙耳机也可以发起建链请求，但用于数据通信的蓝牙模块一般不发起呼叫。链路建立成功后，主从端之间即可进行双向的数据或语音通信。在通信状态下，主端和从端设备都可以发起断链，断开蓝牙链路。

3.7.3　Wi-Fi 传输技术

1. Wi-Fi 技术概述

Wi-Fi（无线网络通信技术）是一种可以将个人计算机、手持设备（如PDA、手机）等终端以无线方式互相连接的技术。在许多文献中Wi-Fi几乎成为无线局域网（WLAN）的同义词。Wi-Fi也是一种无线通信协议，正式名称是IEEE802.11b，其速率最高可达

11Mbps。虽然 Wi-Fi 在数据安全性方面比蓝牙技术要差一些，但在电波的覆盖范围方面却略胜一筹，可达到 100m 左右。Wi-Fi 是以太网的一种无线扩展，理论上只要用户位于一个接入点四周的一定区域内，就能以最高约 11Mbps 的速度接入网络。但实际上，如果有多个用户同时通过一个点接入，带宽会被多个用户分享，Wi-Fi 的连接速度一般只有几百 kbps。信号不受墙阻隔，但在建筑物内的有效传输距离小于户外。

Wi-Fi 是无线局域网技术——IEEE802.11 系列标准的商用名称。IEEE802.11 系列标准主要包括 IEEE802.11a/b/g/n 四种。在开放区域，Wi-Fi 的通信距离可达 305m；在封闭性区域，通信距离为 76～122m。Wi-Fi 技术可以方便地与现有的有线以太网络整合，组网成本低。Wi-Fi 是由接入点（AP）和无线网卡组成的无线网络，结构简单，可以实现快速组网，架设费用和程序复杂性远远低于传统的有线网络。两台以上的计算机还可以组建对等网，不需要 AP，只需要每台计算机都配备无线网卡。AP 作为传统的有线网络和无线局域网之间的桥梁，可以使任何一台装有无线网卡的 PC 通过 AP 接入有线网络。

2. Wi-Fi 的工作原理

Wi-Fi 的设置至少需要一个接入点（AP）和一个或一个以上的用户端（Client）。AP 每 100ms 将无线局域网（SSID）经由 Beacons（信号台）封包广播一次，Beacons 封包的传输速率是 1Mbps，并且长度相当短，所以这个广播动作对网络效能的影响不大。因为 Wi-Fi 规定的最低传输速率是 1Mbps，所以可以确保所有的 Wi-Fi 用户端都能收到这个 SSID 广播封包，用户端可以借此决定是否要和这个 SSID 的 AP 连线。使用者可以设定要连线到哪一个 SSID。

习题

1. 虚拟现实有哪些关键技术？
2. 三维建模技术有哪些，各有什么特点？
3. 利用粒子系统生成画面的基本步骤有哪些？
4. 实时绘制技术中降低场景复杂度的方法有哪些？

第 4 章

虚拟现实技术的相关软件和处理语言

📋 学习目标

（1）了解常见虚拟现实技术建模工具软件的特点及应用

（2）了解常见虚拟现实技术开发引擎的基本操作

（3）了解常见虚拟显示技术开发语言

（4）掌握虚拟现实技术开发语言的工作原理

虚拟现实技术是一种基于计算机生成的仿真环境，可以模拟真实世界的视觉、听觉和触觉等感官体验。虚拟现实技术的应用范围非常广泛，包括游戏、教育、医疗、建筑设计等领域。在虚拟现实技术的发展过程中，相关的软件和处理语言起到了至关重要的作用。

虚拟现实建模工具软件及开发引擎是实现虚拟现实技术的关键工具之一。常见的虚拟现实建模工具软件包括 3ds Max、Maya 等，虚拟现实开发引擎包括 Unity 3D、Unreal Engine 等。这些工具软件及引擎提供了丰富的工具和资源，可以帮助开发人员快速构建虚拟现实应用程序。

虚拟现实处理语言是指用于控制虚拟现实设备的 API，也是实现虚拟现实技术的关键技术之一。它们允许开发人员创建自定义的交互方式、追踪用户的动作及管理虚拟现实应用程序的状态。

总之，虚拟现实技术的发展离不开各种软件和处理语言的支持。随着技术的不断进步和完善，还会有更多创新和突破出现，推动虚拟现实技术的不断发展和应用。

4.1　虚拟现实技术的建模工具软件

虚拟现实建模是通过虚拟现实相关的软件和语言，在虚拟的数字空间中，通过数字图像处理、计算机图形学、多媒体技术、传感、仿真及人工智能等多种学科，在虚拟的数字世界中模拟真实世界中的事物，为人们建立起一种逼真的、虚拟的、交互式的三维空间环境。

4.1.1　3ds Max

3ds Max 全称 3D Studio Max，常简称为 3d Max 或 3ds Max，是 Autodesk 公司开发的基于 PC 系统的 3D 建模渲染和制作软件，现广泛应用于广告、影视、设计、三维动画、游戏等领域。

1. 3ds Max 的历史

1990 年，Autodesk 公司推出第一个 3D Studio 软件，并于 1996 年 4 月发布第一个 Windows 版本 3D Studio Max1.0（3ds Max1.0）。

1997 年，3ds R2 加入了 MaxScript，该计算机语言允许用户在 3D Studio Max 上构建工具，使得 Max R2 成为该系列产品历史上最大的发行版之一。

2001 年，Discreet 3ds Max 4 上架，其融合了在 1999 年收购 Discreet Logic 所获得的功能，例如 Biped 角色工作室、角色动画体系结构等。

2005 年，3ds Max 8 将软件的集成角色动画工具集（CAT）扩展到 Biped 之外，从而使美术师可以使用高级绑定工具来创建生物。

2006 年，3ds Max 9 提供了 64 位支持，让使用者可以更轻松地处理大型数据集，同时减少了所需的渲染通道数量。

2010 年，3ds Max 2011 和 3ds Max Design 2011 一起发布，新增了 Nitrous 视口功能，使得从视口生成图像更加紧密地反映了最终渲染，同时还加快了渲染时间。

2014 年，3ds Max 2015 和 3ds Max Design 2015 中加入了对 Python 脚本的支持，可更轻松地扩展和自定义，满足每个工作室的独特需求。

2017 年，3ds Max 2018 首次亮相，其新增了包括智能资产包装、可自定义的工作区、混合框地图、MAXtoA 1.0 插件和数据通道修改器等功能。

2020 年，3ds Max 2021（图 4-1）对软件的材质和渲染工具集进行了重大更改，其中尤为重要的一点是更好地支持了游戏和实时工作 PBR 流程。Arnold 成为软件的默认渲染器，意味着软件将正式支持 GPU 渲染进行制作。

图 4-1   3ds Max

2. 3ds Max 的主要功能

（1）建模功能。3ds Max 建模主要有逆向建模、网格建模、面片建模、曲面建模、多边形建模等。其中逆向建模是根据已有的实体模型，扫描其数据，然后在 3D 环境中重新生成多边形或者三角面的数字模型；网格建模可以建立比较复杂的模型，其优点在于计算速度比较快；面片建模是基于对象编辑的一种建模方法，其可以使用编辑贝塞尔曲线的方法来编辑曲面的形状；曲面建模是通过控制曲线的曲率、方向和长短来进行建模，其优点是非常适合创建光滑的物体；多边形建模是指在原始简单的模型上，通过增减点、线、面的数量或者调整点、线和面的位置来设计出所需要的模型，其优点在于为创造复杂模型提供了更大可能性。

（2）动画控制功能。3ds Max 作为大型动画软件，通过动画控制器提供了不错的动画设置功能，包括物体位置的旋转、缩放等。

（3）动力学功能。动力学指通过模拟对象的物理属性，制作物体和物体之间的作用，例如下落、碰撞、破碎的动画过程。同时，物体之间的交互可以通过参数化设置，使得其表现与现实世界情形一致。

（4）渲染功能。渲染是依据物体所指定的材质、所使用的灯光及诸如背景等环境的设置，将在场景中创建的几何体实体化显示出来。3ds Max 提供了扫描线、Mental ray 渲染器、Quicksilver 硬件渲染器等。

（5）角色动画。3ds Max 包含两套完整角色设置独立子系统——CAT（character animation toolkit）和 CS（character studio）。其中 CAT 是一套内置于 3ds Max 的智能化角色绑定和动画制作插件，提供了非常丰富而且实用的预设置骨架，可以直接调用，无须绑定，基本上可以满足绝大多数的角色绑定需要。CS 是 3ds Max 的一个极其重要的动画制作组件，可以快捷地模拟人及两足动物的动作。

3. 3ds Max 工作界面简介

3ds Max 的工作界面见图 4-2。

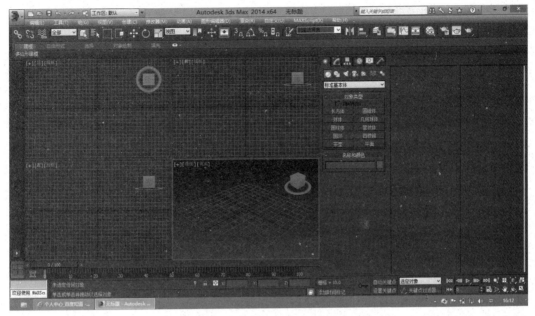

图 4-2　3ds Max 的工作界面

3ds Max 工作界面主要是由标题栏、菜单栏、主工具栏、命令面板、绘图区、状态栏和提示行、时间滑块与动画控制区、视图控制区等组成。

（1）命令面板区：在工作界面最右侧，集成了 3ds Max 软件中绝大多数的功能与参数控制项目。

（2）绘图区：位于工作界面的正中央，系统默认的方式是顶视图、前视图、左视图、透视视图。

（3）动画控制区：位于工作界面的下方，动画控制区的工具主要用来控制动画的设置和播放。

（4）视图控制区：位于工作界面的右下角，主要用于调整视图当中物体的显示状况。

4. 3ds Max 应用领域

（1）建筑与装潢设计。设计人员通过 3ds Max 软件完成建模之后，经过系列的渲染之后生成三维模型，以立体形式展现建筑、室内外装潢的特点。

（2）计算机游戏设计。游戏建模主要分为 3D 场景建模和 3D 角色建模，设计人员通过 3ds Max 软件，根据原画设定及策划要求，制作符合要求的 3D 场景模型及 3D 游戏人物模型。

（3）影视作品。目前很多影视类的作品会采用 3ds Max 进行后期的制作，可以使得影视作品有很强的现实感、立体感，能够产生很强的真实效果。

（4）商业广告。通过 3ds Max 对商品、景点等进行立体展示，使得用户能直观地感受到商品的特点，从而达到最佳宣传效果。

（5）工业机械制造。通过三维动画，直观表现机械零配件的造型，更可以模拟零件工作时的运转情况，便于零件性能的分析检测。

4.1.2 Maya

Maya 一般指 Autodesk Maya，是 Autodesk 公司旗下一款著名三维建模和动画软件，现广泛应用于电影、电视、游戏、动画等领域。

1. Maya 的历史

1983 年，加拿大多伦多成立了一家研发影视后期特技软件的公司，由于其推出的第一款商业软件是关于 Anti-alias 的，所以公司和软件都叫作 Alias。一年之后 Alias 公司在美国加利福尼亚成立了一家数字图形公司——Wavefront。

1990 年，Alias 公司推出了一款只能运行于 SGI 工作站上的软件，名叫 Power Animator，诸多知名电影的特效均由这款软件制作，如深渊、终结者 2、独立日等。

Wavefront 于 1993 年完成对 TDI（Thomson Digital Image）的收购，整合了 TDI 在软件 Explore 中的部分技术。

1995 年，软件开发公司 SGI（Silicon Graphics Incorporated）收购了 Alias 和 Wavefront。Maya 当时还是 Alias 正在开发的下一代三维动画软件，融合了高级视效套件及 PowerAnimator 和 Alias Sktech。

1998 年 2 月 Maya 1.0 版本发布，业内人士普遍认为 Maya 在角色、动画和特技效果方面都处于业界领先水平。这使得 Maya 在影视特效行业中成为一种被普遍接受的工业标准。

2000 年，Alias Wavefront 公司推出了 Universal Rendering 渲染模式，使各种平台的机器都可以参加 Maya 的渲染。同时开始将 Maya 移植到 Mac OSX 和 Linux 平台。

2005 年，Autodesk 公司全资收购了 Alias，Maya 也正式从 Alias Maya 变更为 Autodesk Maya（见图 4-3），并同时发布了 Maya 8.0 版本。截至目前，Maya 已经陆续推出了 26 个版本，这些版本的更新对于提高工作效率和工作流程起到了极大的提升和优化作用。

图 4-3　Maya

2. Maya 的主要功能

下面逐一介绍 Maya 软件的主要功能。

（1）角色创建、动画制作、VFX 工具：可以有效地创造出栩栩如生的角色及环境。

（2）动力学和效果：通过 Bifrost 可视化编程环境、Bifrost 流体、仿真系统等制作出高度逼真的人物和场景效果。

（3）USD 工作流：在 Maya 中使用 USD 可在极短的时间内加载和编辑大量数据集。

（4）三维动画：在 Maya 中通过快速播放、时间编辑器、Unreal Live Link、重影编辑器等可以更快地查看动画、高级动画编辑、实时的管理角色资源及精确地可视化动画对象的移动和位置，并且可以通过本地运动库插件直接在 Maya 中访问高质量的运动捕捉数据。

（5）三维建模：创建三维模型，并且可以使用 UV 编辑和工具包在二维视图中查看和编辑多边形、NURBS 和细分曲面的 UV 纹理坐标，通过雕刻工具集以更艺术和直观的方式对模型进行雕刻和塑形。

（6）三维渲染及着色：使用 Arnold 渲染视图，实时查看场景更改，也可通过创建和连接渲染节点构建着色网络，并在视口和渲染视图中查看最终颜色的精确预览。

（7）运动图形：使用 MASH 可以创建包含程序节点网络的多用途运动设计动画。

（8）流程集成：使用 Python 创建 Maya 脚本并编写插件，通过场景集合工具轻松地创建大型复杂环境，并将生产资源作为独立元素进行管理。

3. Maya 工作界面简介

图 4-4 所示为 Maya 工作界面，下面逐一介绍其各部分的功能。

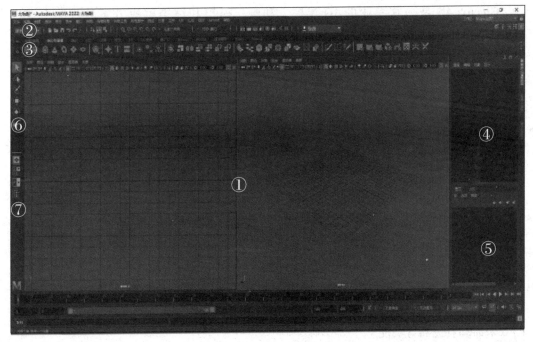

图 4-4　Maya 工作界面

（1）视图面板：通过视图面板，可以使用摄影机视图通过不同的方式查看场景中的对象。

（2）菜单集：菜单集将可用菜单分为诸如"建模""绑定""动画"等不同的类别，其中主菜单中的前七个菜单始终可用，其余菜单根据所选的菜单集而变化。

（3）工具架：工具架包含常见任务对应的图标，并根据类别按选项卡进行排列。

（4）通道盒：可以编辑选定对象的属性和关键帧值。

（5）层编辑器：显示两种类型的层，分别为显示层和动画层。显示层用于组织和管理场景中的对象，动画层用于融合、锁定或禁用动画的多个级别。

（6）工具箱：包含用于选择和变换场景中对象的工具。

（7）快速布局／大纲视图按钮：用于视图面板布局之间切换。

4. Maya 应用领域

（1）电影领域：Maya 能通过整合 3D 建模、动画、效果和渲染制作出逼真的角色动画和接近现实的场景，能满足电影领域艺术创作的需求。

（2）电视领域：能通过 Maya 表现出一些实拍无法完成的画面效果。

（3）游戏领域：通过先进的动画及数字效果技术，游戏设计师能够设计出更富有层级效果及特征更明显的人物和场所。

（4）设计领域：Maya 能提供非凡的创造性功能，极大地增强平面设计产品的视觉效果。

4.1.3　Cinema 4D

Cinema 4D 是一款专业的 3D 建模、动画、模拟和渲染解决方案软件，由德国 MAXON Computer 开发。它具有快速、强大、灵活的特点和稳定的工具集，可以使设计、运动图形、VFX、AR/MR/VR、游戏开发等领域获得更容易和高效的 3D 工作流程。

1. Cinema 4D 的历史

Cinema 4D 的前身是 1989 年发布的软件 FastRay，用于早期的个人计算机系统 Amiga，且无图形化界面。

1991 年，FastRay 更新到了 1.0 版本。但是该软件还未涉及三维领域。

1993 年，FastRay 更名为 Cinema 4D。

1996 年，Cinema 4D 发布了 4.0 版本，正式推出 MAC 版和 PC 版。

2001 年，Cinema 4D R7 发布，它改进了最为关键的渲染技术，包括全局光、焦散、分层渲染，并实现了自插值抗锯齿技术的突破。

2005 年，Cinema 4D R9.5 发布．首次发布 64 位版本和毛发系统。

2016 年，Cinema 4D R18 发布，更新加入了泰森破碎效果、交互式切刀功能、全新的效果器和着色器等功能。

2018 年，Cinema 4D R20（见图 4-5）发布，在视觉特效和动态图形艺术方面更具高端特性，包括节点材质、体积建模、强大的 CAD 导入功能及 MoGraph 工具集的巨大改进。

图 4-5　Cinema 4D

2. Cinema 4D 主要功能

（1）色彩管理：在 Cinema 4D 软件中，OCIO 为工作室管道提供了全面的色彩管理，并通过 ACES 色彩空间轻松实现电影效果。

（2）建模：Cinema 4D 映入了用于重新拓扑的 ZRemesher、新的交互式建模工具、高级样条节点，可实现对称建模和改进的矢量导入。

（3）纹理：利用 Cinema 4D 的材质系统，可以创建具有多层材质通道、带有反射率、程序着色器等的逼真材质。

（4）基础动画：几乎任何对象、材质或参数都可以设置动画。

（5）角色动画：Cinema 4D 提供了一系列易于使用并可靠的动画工具用以创建和制作角色和生物。

（6）角色对象：在 Cinema 4D 中可根据两足、四足动物的预设，构造适用于任何类型角色的装配。

（7）渲染系统：提供了逼真和风格化的渲染及便捷的基础架构管理。

（8）动作捕捉：提供了一种能快捷而逼真地制作角色动画的简单方案。

3. Cinema 4D 工作界面简介

打开 Cinema 4D，其工作界面如图 4-6 所示。下面逐一介绍其各部分的功能。

（1）操作区：主要工作区，其窗口中心为创建场景的中心，以 45°视觉方式展示立体场景，用 X 轴、Y 轴、Z 轴代表方位。

（2）工具栏：包含部分常用的工具命令按钮，可以通过单击对应的工具命令按钮快速地创建或编辑对象。

（3）模式图标：用于切换不同的编辑工具。

（4）对象管理器：显示和编辑管理场景中的所有对象及其标签。

（5）属性管理器：包含被选中对象的所有属性参数，可以对参数进行编辑。

（6）材质管理器：用于创建、编辑和管理材质。

（7）坐标管理器：通过参数的设置控制、编辑所选对象层级。

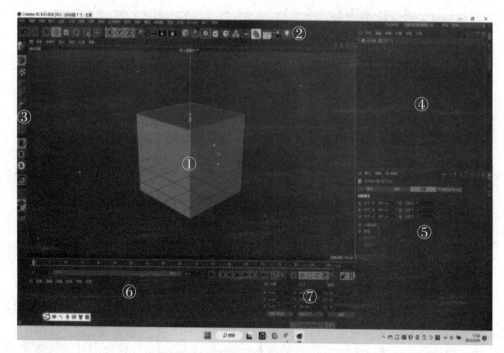

图 4-6　Cinema 4D 工作界面

4. Cinema 4D 应用领域

（1）网页、电商：三维效果的运用使得页面、广告更有立体感和真实感。

（2）UI 设计：自带的渲染器可以独立完成渲染工作。

（3）影视后期：预览化的快速工作流程，以及完全集成的跟踪流程和数字遮罩工具，为电影提供了非常华丽的视觉效果。

（4）游戏设计：提供了一个完整的工具集合，用于创建场景和角色模型、绘制细节纹理和添加复杂的角色动画。

4.1.4　DAZ 3D 和 RealityCapture

1. DAZ 3D

DAZ 3D 是 DAZ Productions 公司发行的一款软件（图 4-7），主要用于 Poser 的模型和材质 的制作，是一款面向艺术家和动画片制作者的 3D 人物设计及动画片制作的工具。

由于早期 Poser 所创作的人物模型兼容性较差，导致其与其他公司推出的三维软件无法兼容，因此 1999 年 Zygote 公司正式推出第一代的 Victoria 及 Michael，使得早期的 Poser 用户能借助 Victoria 及 Michael 解决不兼容的问题。2000 年 DAZ3D 公司接棒并推出第二代 Victoria 及 Michael。2002 年，DAZ 3D 再一次推出第三代 Victoria 及 Michael。相比而言，第三代 Victoria 和 Michael 的三维 polygon 无论是从数量还是精细度都要远远地高于第二代。

到目前为止，DAZ 3D 已经发布了最新一代 3D 模型 Genesis 8.1，该版本通过对 Genesis 8 的更新，它使用了基于面部动作编码系统的变形，允许进行更精细的控制，将面部动画分解为单独的肌肉运动。同时 Genesis 8.1 添加了一个新的物理渲染皮肤着色器，引入了对次表面散射的改进，能产生更逼真的皮肤效果。

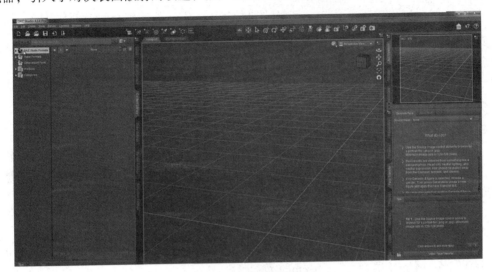

图 4-7　DAZ 3D 操作界面

2. RealityCapture

RealityCapture 是一款通用的全功能摄影测量软件（图 4-8），用于完全自动地从图像或激光扫描中创建虚拟现实场景、纹理 3D 网格、正交投影等。

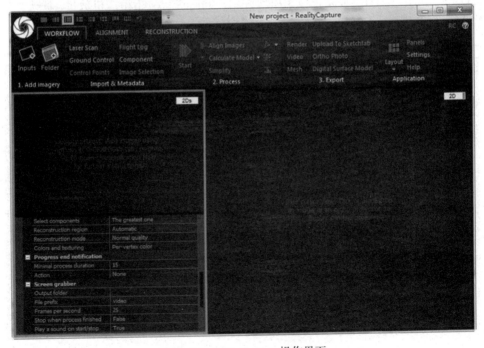

图 4-8　RealityCapture 操作界面

4.2　虚拟现实技术开发引擎

现实中机械类的引擎是给机械装备提供动力支持的，而虚拟现实的引擎是给虚拟现实技术提供强有力支持的一种解决方案。

虚拟现实技术是一个总称，自虚拟现实技术出现至今，研发人员制定出了各种虚拟现实技术的解决方案。为了实现制定的解决方案，研发人员制作了专门的硬件系统或软件系统，即虚拟现实引擎。

4.2.1　Unity 3D

Unity 3D 是由 Unity Technologies 开发的一个能让开发者轻松创建诸如三维视频游戏、建筑可视化、实时三维动画等类型互动内容的多平台的综合性游戏开发工具，是一个全面整合的专业游戏引擎。

1. 初识 Unity 3D

如图 4-9 所示，Unity 有五大界面，分别是：Scene（场景）、Game（游戏）、Project（项目）、Hierarchy（层次）、Inspector（属性）。

（1）Scene。Scene 界面是游戏场景设计界面，一个场景是游戏的一个显示单位，例如战斗场景、欢迎场景、设置场景等。场景中的每个物体都有一个三维坐标系，Unity 的坐标系是左手坐标系，即 X 轴向右，Y 轴向上，Z 轴就向里。

（2）Game。Game 界面是游戏运行时的显示界面，对 Scene 界面的修改都会实时同步到 Game 界面。其中 Display 下拉菜单允许用户同时进行渲染摄像机数量，默认为 1 个，即默认摄像机。在图 4-9 中需单击 Scene 标签旁的 Game 标签进行切换。

图 4-9　Unity 3D 界面

116

（3）Project。Project 界面用于显示和管理项目中的文件，项目中的文件是真实存在的文件，与操作系统的资源管理器一一对应，在 Project 界面上添加和删除文件时，资源管理器上也会同步。Project 的根目录是 assets 目录，对应到资源管理器就是项目根目录 /assets。

（4）Hierarchy。Hierarchy 界面列出的是当前打开场景的所有物体，这些物体保存在场景文件中，在资源管理器上不会有这些物体的单独文件，所以这些物体可以说是虚拟的文件，这点与 Project 下的文件有所不同。

（5）Inpector。在 Scene 中选中一个物体，Inspector 会显示出该物体的所有组件。

2. 主要特点

（1）支持多种格式导入。Unity 3D 整合了多种 DCC 文件格式，包含 3ds Max、Maya 的格式，还包含 Mesh、多 UVs、Vertex 等功能。

（2）高超的图像渲染能力。Unity 3D 内置 100 组 Shader 系统，结合了简单易用、灵活、高效等特点，开发者也可以使用 ShaderLab，建立自己的 Shader。

（3）专业的开发工具。Unity 3D 包括 GPU 事件探查器、可插入的社交 API 应用接口，以实现社交游戏的开发。引擎脚本编辑支持 Javascript、C# 等脚本语言，可快速上手并自由地创造丰富多彩、功能强大的交互内容。

（4）强大的地形编辑器。在 Unity 3D 中，开发者只需完成一定的地貌场景，引擎可自动填充优化完成其余的部分。

（5）可视化的脚本语言处理。在 Unity 3D 中，开发者只需将集成的功能模块用连线的方式，通过逻辑关系将模块连接，即可快速创建所铸脚本功能。

3. Unity 3D 的优势

（1）Unity 3D 有丰富的资源库，里面有大量已经开发好的资源可以直接使用。

（2）Unity 3D 有强大的编辑器开发功能，编辑器界面操作友好，可以很容易地策划出一套定制的编辑器。

（3）Unity 3D 类似于 Director、Blender game engine、Virtools 或 Torque Game Builder 等利用交互的图形化开发环境为首要方式的软件。

（4）Unity 3D 可以发布运行在 Windows、Mac、Wii、iPhone 和 Android 平台的游戏，也可以利用插件发布网页游戏。

（5）Unity 3D 可让开发者轻松创建诸如三维视频游戏、建筑可视化、实时三维动画等内容，是一个全面整合的专业游戏引擎。

（6）Unity 3D 适配的编程语言较多，包括 CSS、Html、Javascript、C# 等语言。

4.2.2　虚幻引擎

虚幻引擎（Unreal Engine）是一套完整的开发工具，面向任何使用实时技术工作的用户。从设计可视化和电影式体验，到制作 PC、主机、移动设备、VR 和 AR 平台上的高品质游戏，虚幻引擎能为开发者提供齐全的功能服务。

1. 初识 Unreal Engine

首次打开虚幻引擎 5 时，打开关卡编辑器（Level Editor），你将看到如图 4-10 所示窗口。

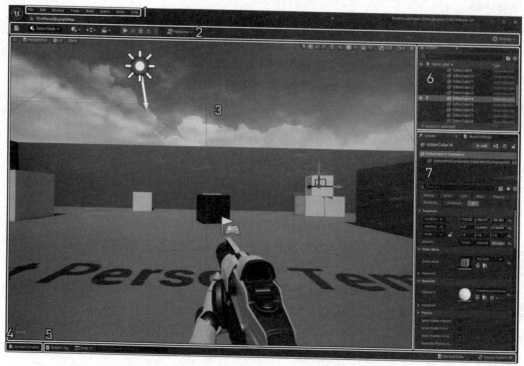

图 4-10　Unreal Engine 界面（以第一人称游戏为例）

（1）菜单栏：包含编辑器专用的命令和功能。

（2）主工具栏：包含虚幻引擎中部分最常用工具和编辑器的快捷方式。

（3）关卡视口：显示关卡的内容，例如摄像机、Actor、静态网格体等。

（4）内容侧滑菜单按钮：访问项目中的所有资料。

（5）底部菜单栏：包含命令控制台、输出日志和派生数据功能的快捷方式。

（6）大纲：显示关卡中所有内容的分层树状图。

（7）细节面板：在选择角色时才会显示，主要显示该角色的各种属性。

2. Unreal Engine 常见术语

（1）项目（project）：项目包含游戏的所有内容，项目中包含的大量文件夹都在磁盘上。虚幻编辑器（unreal editor）中的内容浏览器（content browser）面板会显示与磁盘上的 Project 文件夹相同的目录结构。

（2）对象（object）：对象是虚幻引擎中最基本的类，其结合类（class）提供了引擎中大部分的重要基础服务。虚幻引擎中的几乎所有功能都继承自相对应的对象。

（3）类（class）：类定义，虚幻引擎中特定角色或对象的行为和属性。类是分层的，意味着类从其基类（即派生出类的类）中继承信息并将该信息传递给其派生类。

（4）投射（casting）：投射是一种动作，将会提取特定类的角色并尝试将其作为其他类进行处理。

（5）人物（character）：人物是计划用作玩家角色的子类。人物子类包括碰撞设置、双足运动的输入绑定及用于玩家控制动作的其他代码。

（6）玩家控制器（player controller）：玩家控制器用于获取玩家输入，并将其转换到游戏内的互动中。

（7）玩家状态（player state）：玩家状态是游戏参与者在游戏中的状态，例如人类玩家或模拟玩家的机器人。非玩家 AI 作为游戏世界的一部分而存在，没有玩家状态。

（8）关卡（level）：关卡是自定义的游戏区域。关卡包含玩家可以看到并与其交互的所有内容，例如几何体、对象和角色。

3. 主要特点

目前虚幻引擎发展到 5.1 版本，5.1 版本在 5.0 版本的基础上带来了更多的更新和改进，使开发者能够更加轻松地创造出 3D 内容和体验。

（1）免费下载，功能齐备。虚幻引擎官网提供所有功能及完整的源代码访问权限，允许开发者根据自己的需求去编译源码，并且配备了完整的学习资源库供学习者学习。

（2）图形处理能力突出。虚幻引擎拥有出色的图形处理能力，可以让游戏中的物体具有真实的运动感，使得作品看起来更逼真。

（3）两种主要的编程语言：C++ 和 Blueprints。虚幻引擎提供了丰富的 C++ API，可以用来访问引擎的各种功能。通过使用 C++ 语言，开发者可以自由地定制游戏的各种功能，让游戏更加丰富多彩。Blueprints 是一种基于图形化界面的视觉编程语言，开发者可以使用 Blueprints 来快速实现游戏的各种功能，无须编写复杂的代码。

4.2.3　VR-Platform

VR-Platform（简称 VRP），即虚拟现实仿真平台，是由中视典数字科技有限公司独立开发的具有完全自主知识产权的虚拟现实软件。VRP 系列产品自问世以来，一举打破该领域被国外领域所垄断的局面，以极高的性价比获得国内广大客户的喜爱，其已经成为中国国内市场占有率最高的一款国产虚拟现实仿真平台软件。该软件适用性强、操作简单、功能强大、高度可视化，可实现所见即所得，被广泛应用于室内设计、工业仿真及城市规划等领域。相对于其他的虚拟引擎，该软件避开了复杂编程，通过程序块的搭建，采用了可视化的编辑界面，开发者能够通过简单的命令实现交互。

1. VR-Platform 产品体系简介

（1）VRPIE-3D 互联网平台。该平台可让开发者将 VRP-BUILDER 的编辑成果发布到互联网，并且可让客户通过互联网在三维场景中进行浏览与互动，直接面向所有互联网用户。

（2）VRP-BUILDER 虚拟现实编辑器。这是一款用于三维场景的模型导入、后期编辑、交互制作、特效制作、界面设计、打包发布的工具，主要面向三维内容制作公司等群体。

（3）VRP-PHYSICS 物理系统。该系统可逼真模拟各种物理学运动，实现碰撞、重力、摩擦、阻尼、陀螺、粒子等现象，在算法过程中严格遵循牛顿定律、动量守恒、动能守恒等物理原理，主要面向院校和科研单位等群体。

（4）VRP-DIGICITY 数字城市平台。该平台具备建筑设计和城市规划方面的专业功能，例如数据库查询、实时测量、通视分析、高度调整、分层显示、动态导航、日照分析等，主要面向建筑设计、城市规划的相关研究和管理部门等群体。

（5）VRP-INDUSIM 工业仿真平台。该平台具备模型化、角色化、事件化的虚拟模拟功能，使演练更接近真实情况，降低演练和培训成本，降低演练风险，主要面向石油、电力、机械、重工、船舶、钢铁、矿山、应急等行业群体。

（6）VRP-TRAVEL 虚拟旅游平台。该平台针对导游和旅游专业教学过程中存在的实习资源匮乏、实地参观成本高等问题，通过虚拟现实技术培养学生创新思维，积累讲解专项知识，全方位提升学生讲解能力，主要面向导游、旅游规划专业的教育教学。

（7）VRP-MUSEUM 网络三维虚拟展馆。将传统展馆与互联网和三维虚拟技术相结合，打破了时间与空间的限制，可将实体的展馆、陈列品及临时展品移植到互联网上进行展示、宣传与教育，最大化地提升现实展馆及展品的宣传效果与社会价值，其主要面向科博馆、艺术馆、革命展馆、工业展馆、图书馆、旅游景区、企业体验中心及各类园区等群体。

（8）VRP-SDK 三维仿真系统开发包。提供 C++ 源码级的开发函数库，用户可在此基础之上开发出自己所需要的高效仿真软件，主要面向仿真研究与设计行业等群体。

2. VRP 3D Engine

打开 VRP 3D Engine，其界面如图 4-11 所示。

图 4-11　VRP 3D Engine 界面

VRP 3D Engine 具有以下特点。

（1）全国产化。引擎底层内核自主研发，运行环境支持国产操作系统，发布内容国产加密，平台提供中文社区及云平台服务，打造全面国产生态闭环。

（2）全系统支持。引擎支持 Windows、MacOS、iOS、Android、Linux 等，同时也支持银河麒麟、UOS、凝思磐石、起点、深度、共创等国产系统。

（3）素材库丰富。具有工程案例、三维模型、角色动作、材质、粒子、特效等海量素材资源，可快速构建作品场景，支持云端更新。

（4）内容创作易上手。引擎支持各种类型的光源且光照感受更加真实、细腻；内置贴图库和植被库，可通过笔刷快速绘制地形、地表、植被；支持次世代材质系统和多属性材质，材质表达更准确，表现力更强。时间轴动画系统支持骨骼、相机、UI、刚体动画等多种形式，让作品更生动。物理引擎系统具有碰撞检测，以及刚体、柔体、流体等多种常用物理属性，可实现真实的物理反馈。

（5）编程开发简单。引擎采用拖曳式图形化编程，并且配备了成熟、完善的二次开发包 SDK，支持 JS、C#、Python。

（6）实时渲染。引擎支持全局光照、光线追踪、混合渲染等诸多渲染技术，渲染高效、操作便捷，只需简单设置即可获得高品质的实时画面。

4.2.4　其他开发引擎

1. CryEngine 游戏引擎

CryEngine 由德国 Crytek 公司研发，是一款免费的多平台游戏引擎，覆盖了 Linux、Windows、Xbox One、HTC Vive 等平台。CryEngine 由于出色的绘图、物理和动画技术，其作品视觉效果逼真，使得该引擎在真实感游戏开发领域，特别是第一人称游戏中有较为广阔的市场。开发者在使用该引擎时能直接访问源代码，可满足开发者的多样化需求。

2. jMonkeyEngine 游戏引擎

它是一款免费、开源、纯 Java 的游戏引擎，从本质上来讲，jMonkeyEngine 就是一个第三方的 Java 应用程序接口（API）。由于 jMonkeyEngine 封装了 OpenGL，因此它提供了一个完整强大的高性能的工具包，使 3D 游戏的开发变得容易。

3. Amazon Lumberyard 游戏引擎

Amazon Lumberyard 是一款免费的跨平台 3D 游戏引擎，是亚马逊公司在 2015 年获得 Crytek 授权后，以 CryEngine 为基础构建而成。该引擎被集成于亚马逊网络服务系统，允许开发人员在亚马逊的服务器上构建或托管所开发的游戏。目前 Amazon Open3D 游戏引擎（O3DE）是 Lumberyard 的下一代开源版本，它于 2021 年推出，采用了更加模块化的架构，可扩展新的 UI、云功能、新的 Atom 渲染器等新技术，优化了开发界面以适应开发者的需求。

4.3 虚拟现实开发语言

4.3.1 OpenGL

OpenGL（Open Graphics Library）即开放图形库，是用于渲染 2D、3D 矢量图形的跨语言、跨平台的应用程序接口（API）。OpenGL 是个专业的图形程序接口，是一个功能强大、调用方便的底层图形库，它由近 350 个不同的函数调用组成，用来绘制从简单的图形到复杂的三维景象。OpenGL 常用于 CAD、虚拟实境、科学可视化程序和电子游戏开发。

1. OpenGL 的特点

OpenGL 的前身是 SGI 公司为其图形工作站开发的 IRIS GL。IRIS GL 是一个工业标准的 3D 图形软件接口，功能虽然强大但是移植性不好，于是 SGI 公司便在 IRIS GL 的基础上开发了 OpenGL。其主要优势如下。

（1）OpenGL 被设计为只有输出的且只提供渲染功能，其核心 API 没有窗口系统、音频、打印、键盘鼠标或其他输入设备的概念。虽然这看起来像是一种限制，但也使得它允许进行渲染的代码完全独立于它运行的操作系统，开发人员可以将其轻松地移植在 Windows、Unix、Linux、MacOS 等多个不同的平台上进行二次开发。另外，OpenGL 没有提供着色器编译器，而是由显卡驱动来完成着色器的编译工作。也就是说，只要显卡驱动支持对着色器的编译，它就能运行，而这也使得 OpenGL 能够跨平台进行工作。

（2）能够高效准确地转换 3D 图形设计软件制作的模型文件。OpenGL 作为一个图形的底层图形库，其内部集合了许多转换函数，可以快速方便地将通过诸如 3ds Max、AutoCAD 等建模工具设计制作出的 DXF 及 3DS 模型的文件转换成数组，从而将图像转换成数据进行编程处理。

（3）配备了高级图形库。OpenGL 配备的图形库有 Open Inventor、Cosmo3D、Optimizer 等。这些软件库针对创建、编辑及处理分析三维立体场景提供了高级的应用程序单元，并且提高了在不同类型的图形格式间交换数据的能力。

2. OpenGL 渲染结构

OpenGL 渲染结构如图 4-12 所示。

（1）结构分析。

客户端：指对外暴露的 OpenGL API，这部分是在 CPU 中运行。

服务端：指底层，其顶点着色器和片元着色器都可以自主编程，运行在 GPU 中。

客户端对于服务端只有三种数据传递：attributes、uniforms、textture data。

（2）传递数据简介。

attributes：经常发生改变的数据，且该类型数据只能先传递到顶点着色器，然后间接传递到片元着色器。例如，颜色数据、顶点数据、纹理数据、光照法线等。

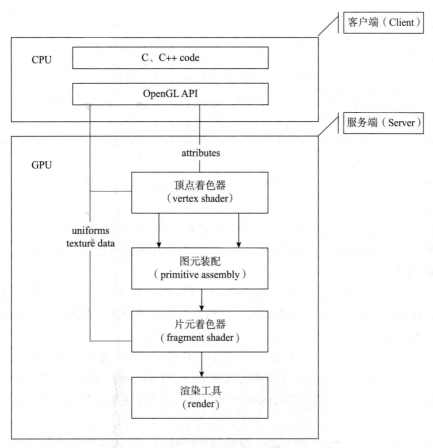

图 4-12　OpenGL 渲染结构图

uniforms：比较统一，不经常发生改变的数据。Uniforms 既可以传给顶点着色器，也可以传递给片元着色器。其包括变换矩阵、颜色值等。

texture Data：可以简单理解为图片纹理数据。

3. OpenGL 基础知识

（1）图元。图元即基本图形元素，OpenGL 把点、直线、多边形和位图作为基本的图元。其具体内容如表 4-1 所示。

表 4-1　图元名称及功能描述

图元名称	描　　述
GL_POINTS	顶点：每个顶点在屏幕上都是单独的点，没有连接
GL_LINES	线段：每一对顶点（每两个顶点）构成一条线段
GL_LINE_STRIP	从第一个顶点开始，依次（依顶点顺序）连接后一个顶点形成 $n-1$ 条线段，n 为顶点数量
GL_LINE_LOOP	与 GL_LINE_STRIP 相同的连接顺序，不同点是最后一个顶点和第一个顶点最后需要连接起来形成闭环

图元名称	描　述
GL_TRIANGLES	依照顶点顺序，每三个顶点构成一个三角形
GL_TRIANGLE_STRIP	共用一个条带上的顶点组成新的三角形，从而形成三角形带
GL_TARIANGLE_FAN	以一个顶点为中心，呈扇形排列，共用相邻的两个顶点的三角形扇

（2）CPU 与 GPU。

CPU：中央处理器，其作为计算机系统的运算和控制核心，是信息处理、程序运行的最终执行单元。

GPU：视觉处理器，是一种专门在个人计算机、工作站、游戏机和一些移动设备（如平板电脑、智能手机等）上做图像和图形相关运算工作的微处理器，是连接计算机和显示终端的纽带。

（3）状态机（state machine）。OpenGL 自身就是一个状态机，一系列的变量描述 OpenGL 此刻应当如何运行。开发人员可以输入一系列的变量（如颜色、纹理坐标、源因子和目标因子、光源等各种参数）去改变当时的状态。

（4）上下文（context）。OpenGL 在渲染时需要一个上下文来记录 OpenGL 渲染需要的所有信息和状态，在应用程序调用任何 OpenGL 指令前，都需要先创建一个上下文。我们将上下文视为包含所有 OpenGL 的对象，当上下文被销毁时，OpenGL 就会被销毁。

（5）渲染（rendering）。将图形 / 图像数据转换成 3D 空间图像操作叫作渲染。由于渲染过程中所有要素都是三维的，但屏幕却是二维的，因此在渲染过程中，需要将 3D 坐标转换为适应屏幕的 2D 坐标，其处理过程由图形渲染管线（graphics pipeline）管理。

（6）顶点数组（vertex array）和顶点缓冲区（vertex buffer）。顶点数据用于描述图像的轮廓，在调用绘制方法的时候，如果直接由内存传入顶点数据，则称为顶点数组。如果将顶点数据预先传入预先设定的显存当中，那这部分的显存就被称为顶点缓冲区。

（7）管线。在 OpenGL 渲染图形，就会经历一个个的节点，而这样的操作可以理解为管线。就像一个流水线，任务按照先后顺序依次执行。管线是一个抽象的概念，之所以称为管线，是因为显卡在处理数据时有一个固定的顺序。

（8）光栅化（rasterization）。光栅化将图元映射为最终屏幕上相应的像素，生成供片元着色器使用的片元（fragment）。在片元着色器运行之前会进行裁剪（clipping），将超出视图范围外的像素丢弃，以提升效率。

（9）顶点着色器（vertext shader）。顶点着色器是 OpenGL 中用于计算顶点属性的程序。对于发送给 GPU 的每一个顶点，都要执行一次着色，其主要作用是把每个顶点在虚拟空间中的三维坐标变换为可以在屏幕上显示的二维坐标。

顶点着色器的主要功能如下。

① 基于点操作的矩阵乘法位置变换。

② 根据光照公式计算每个点的颜色值。

③ 生成或者转换纹理坐标。

（10）片元着色器（fragment shader）。片元着色器是 OpenGL 中用于计算片段（像素）颜色的程序。其主要作用是通过应用光照值、凹凸贴图、阴影、镜面高光、半透明等处理方法来计算像素的颜色并输出，同时也可改变像素的深度或在多个渲染目标被激活的状态下输出多种颜色。

（11）GLSL（OpenGL Shading Language）。GLSL 着色语言是用来在 OpenGL 中编写着色器程序的语言，是专门为图形计算而量身定制的，它包含一些针对向量和矩阵操作的有用特性，着色过程是在图形卡的 GPU 上执行的。GLSL 的数据类型可以指定变量种类，有基础数据类型（如 INT、FLOAT、Double、UNIT 和 BOOL）和容器类型（向量、矩阵）。

4.3.2　VRML

VRML（Virtual Reality Modeling Language）即虚拟现实建模语言，是一种用于建立真实世界的场景模型或用于虚构三维世界场景的建模语言，它填补了网页只能处理二维信息的问题。VRML 与超文本标记语言（HTML）语言相似，都是一种文本描述语言，其基本特征包含分布式、交互性、多媒体集成性等。

1. VRML 的基本原理

VRML 技术解决三维动画问题的原理是在用户端提供一些基本的三维图形库，并在网页运行时进行实时着色和渲染，这样就使得在网络上传输的数据量大幅减少。当用户已经安装了相应的 VRML 浏览器，并在网页上单击 VRML 文件时，它便会首先将 VRML 文件下载到本地计算机上，然后在本地计算机上解释运行，用户在终端实时观察到的三维虚拟模型和相应的交互操作都是在本地计算机上进行的。

（1）C/S 模式。VRML 的访问方式基于 C/S 模式，其中服务器提供 VRML 文件，客户通过网络下载目标的文件，并通过本地平台的浏览器对该文件进行解释，由于浏览器是本地端提供的，从而实现了 VR 的平台无关性。

（2）可扩充性。VRML 可以根据需求定义对象及其属性，并通过 Java 等语言使浏览器可以解释这种对象及其行为。

2. VRML 的特点

（1）语法简单易懂，编辑操作方便，学习较为容易。

（2）具有强大的网络功能，文件容量小，适宜网络传输。

（3）具有多媒体功能，能快速简便地加入声音、图像、动画等多媒体效果。

（4）具有交互性，可以通过传感器节点来实现与用户的交互。

（5）能嵌入 Java、JavaScript 等程序，可以实现较为复杂的功能。

3. VRML 文件结构

VRML 文件采用的是文本文件格式，扩展名为 .wrl 和 .wrz。其包含文件头、注释、节点及节点域、事件和路由等，其中唯一且必需的是文件头。其结构如下。

```
#VRML        V 2.0 UTF8        #VRML 的文件标志
节点名 {                        #VRML 的各种节点
    域        域值              # 对应节点的域和域值
}
Script{                         # 脚本 Script 节点
}
ROUTE 入事件 TO 出事件          # 路由：把入事件与出事件相关联
```

（1）VRML 文件头。上例中文件头为 VRML2.0 标准，其含义在于此 VRML 文件符合 2.0 版本规格，并且文件使用 UTF-8 编码。

（2）VRML 文件注释。其允许在不影响 VRML 空间外观的基础上，在 VRML 中添加对文件内容的解释，常以 # 开始，结束于该行的最后。

（3）节点及其域、域值。节点用于描述空间中的造型及其属性，例如颜色、光照、视点等，一般包括节点类型、节点属性的域及相关值。

4. 创建 VRML 文件编辑器

（1）使用文本编辑器创建。VRML 同 HTML 语言一样，是一种 ASCII 的描述性语言，可以用任何一种文本编辑器进行 VRML 程序的编辑，例如，Windows 中的记事本、写字板和 Word 等。但由于 VRML 的建模语法烦琐，结构复杂，命令关键字较长，不易输入和检错，而且在创建复杂场景时使用文本编辑器进行较难。

（2）可视化编辑器创建。使用可视化编辑器可以不需要手工输入大量的命令，从而避免在创建复杂场景时出现问题，使用非常方便。常见的可视化编辑器有以下几种。

① VrmlPad 编辑器：这是一种功能强大、简单易用的 VRML 开发设计专业软件，它完全支持 VRML 97 标准，支持智能自动匹配、动态错误检测、语法高亮指示、集成脚本调试、多文档同时编辑，场景预览，作品发布等功能，如图 4-13 所示。

② SwirlX3D 编辑器：这是一款强大的 X3D/VRML 编辑软件，能以可视化的方式编辑 VRML 文件，图像与代码可以在同一界面中呈现。

③ Cosmo Worlds2.0 编辑器：这是 SGI 公司为了更好地支持 VRML 而开发的图形编辑工具软件，它完全支持 VRML2.0 规范，同时提供了强大的工具以便开发者能创造出复杂的对象和场景。

5. 常用 VRML 节点简介

VRML 程序主体由不同的节点语句按层次结构构成，通过节点可以生成各类三维模型及效果，以构造场景图。VRML 内部节点有 54 个。

图 4-13　VrmlPad 编辑器界面

（1）几何造型节点：box、cone、cylinder、sphere 等。

（2）外观节点：shape、appearance、material 等。

（3）造型编组：group、switch、billboard 等。

（4）定位节点：transform 等。

（5）颜色纹理节点：color、image texture、pixel texture、movie texture 等。

（6）背景节点：background 等。

（7）脚本节点：script 等。

6. 构建球体几何造型

通过编辑一段 VRML 代码来输出一个球体几何造型（图 4-14）。

```
#VRML V2.0 utf8

Background {                      # 设置空间背景
  skyColor [    0.2 0.5 0.6]}
Transform {                      # 球体坐标变换节点
  scale 2.3 2.6 2.3              # 设置球体的缩放
  children [                     # 子节点
      Shape {
          appearance Appearance {
              material Material {
                  diffuseColor 0.3 0.2 0.0
                  ambientIntensity 0.4
                  specularColor 0.7 0.7 0.6
                  shininess 0.2
              }
```

```
            }
        geometry Sphere    {           # 球体几何造型
            radius 1
        }
    }
]
}
```

图 4-14   VRML 输出的球体几何造型

4.3.3   C++

C++从 C 语言扩充发展而来，依次经历了 new C -> C with class -> C++的变化过程，在 1983 年更名为 C++。它是一种面向对象语言，支持面向对象编程、泛型编程和过程编程多种编程范式。其应用广泛，常用于系统开发、引擎开发等，支持封装、继承等特性。

1. C++ 语言的特点

（1）C++ 能尽量的兼容 C 语言，且 C++ 的很多特性都以库或者其他形式提供，没有直接添加到语言本身，保持了 C 语言简洁、高效的特点。

（2）C++ 语言灵活，具有结构化控制语句，执行效率高，具有良好的可读性和可移植性。

（3）C++ 程序设计无须复杂的程序设计环境。

（4）C++ 对 C 语言的类型系统进行了改革和扩充，使得 C++ 有更高的安全性。

（5）C++ 支持面向对象，使得开发人机交互类型的应用更为简单。

2. 工作原理

开发 C++ 应用程序，需要经过编写源代码、编译、生成目标代码、链接程序和生成可执行代码这几个步骤，具体执行步骤如图 4-15 所示。

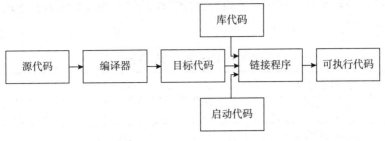

图 4-15　C++ 执行步骤

（1）源代码：打开文本编辑器或常用代码编辑器，书写的程序代码就称为源代码。

（2）编译器：将写好的源代码翻译成计算机可以直接识别的机器码。

（3）目标代码：经过编译器翻译后的计算机内部语言，称为目标代码。

（4）链接：将目标代码和 C++ 中被引用的库及标准启动代码组合起来，生成程序运行阶段的可执行代码。

（5）可执行代码：运行阶段能够被执行的代码。

3. C++ 基础知识

（1）组成。标准的 C++ 由以下三个重要部分组成。

① 核心语言：提供了所有构件块，包括变量、数据类型和常量等。

② C++ 标准库：提供了大量的函数，用于操作文件、字符串等。

③ 标准模板库（STL）：提供了大量的方法，用于操作数据结构等。

（2）数据类型。C++ 中常用的数据类型如表 4-2 所示。

表 4-2　C++ 中常用的数据类型

基本数据类型	int：表示整数类型 float：表示单精度浮点数类型 double：表示双精度浮点数类型 char：表示字符类型 bool：表示布尔类型，取值为 true 或 false
复合数据类型	数组：是一种存储相同类型数据元素的连续内存空间的数据结构 结构体：是一种自定义的数据类型，可以包含多个不同类型的数据成员 枚举：表示一组具名常量的集合
指针类型	指针：表示存储其他数据类型内存地址的变量
对象类型	类：是一种用户自定义的数据类型，可以定义成员变量和成员函数
其他数据类型	字符串：表示一串字符的序列 构造类型：表示由基本数据类型组成的、具有特定语义的数据类型，例如自定义的类

（3）运算符与表达式。在程序中，运算符是一组特定符号，用于告知编译器如何执行特定的数学或逻辑操作。使用运算符将操作数连接起来的式子称为表达式。常用的运算符如表 4-3 所示。

表 4-3　C++ 常用的运算符

算术运算符	+、-、*、/、%、++、--
关系运算符	==、! =、>、<、>=、<=
逻辑运算符	&&、‖、!
赋值运算符	=、+=、-=、*=、/=、%=

运算符具有优先级，当一个表达式包含多个运算符时，会先进行优先级高的运算，再进行优先级低的运算。

（4）类和对象。类所表示的一组对象十分相似，可以作为模板来有效地创建对象，利用类可以产生很多的对象，类所代表的事物或者概念都是抽象的。

对象主要是对客观事物的某个实体进行描述，它作为一个单位，共同组成了系统。对象一般由属性和行为构成，属性的实质是一个数据项，主要是对对象静态特性进行描述，行为的实质是一个操作序列，主要是对对象动态特征进行描述。

（5）关键字。关键字也称为保留字，是整个语言范围内预先保留的标识符，即已被 C 语言本身使用，不能作其他用途使用的字。

常用的关键字如表 4-4 所示。

表 4-4　C++ 常用的关键字

关 键 字	关键字用途
auto	自动推断变量类型
bool	布尔类型只有两个取值，true 和 false
true	逻辑值"真"
false	逻辑值"假"
char	char 类型表示单个字符
wchar_t	wchar_t 是宽字符类型，每个 wchar_t 类型占 2 个字节，16 位宽
int	int 类型用于表示整数
short	short 类型用于表示短整型整数，数值范围小于 int
long	long 类型用于表示长整型整数，数值范围大于 int
float	float 类型用于表示单精度浮点数
double	double 类型用于表示双精度浮点数，较之 float 范围更大
long double	long double 比 double 的精度更大

关 键 字	关键字用途
signed	signed（有符号），表明该类型是有符号数。
unsigned	与 signed 相反
enum	enum 表示枚举类型，可以给出一系列固定值
union	union 是联合体类型，可以有多个数据成员
class	class 是一般的类类型
struct	struct 在 C++ 中是特殊的类类型
sizeof	sizeof 运算法用于获取数据类型占用的字节数
static	用于声明静态变量或类的静态函数。静态变量作用范围在一个文件内，程序开始时分配空间，结束时释放空间，默认初始化为 0，使用时可改变其值
public	public 为公有的，访问不受限制
protected	protected 为保护的，只能在本类、派生类中访问
private	private 为私有的，只能在本类中访问

（6）语句。C++ 语句是控制操作对象的方式和顺序的程序元素。常用的 C++ 语句有以下几种。

① 表达式语句：表达式语句是最简单的语句类型，只有表达式，例如，x= y+1。

② 控制语句：控制语句用于控制程序的执行顺序，常用的控制语句如表 4-5 所示。

表 4-5　C++ 常用的控制语句

控制语句	功　能	语法基本格式
if 语句	如果满足条件的成立，则执行某段代码，否则执行另外某段代码	if（条件表达式） 　{语句 1} else 　{语句 2}

switch 语句	判断某个表达式的值，根据不同的值执行不同的分支	switch（条件表达式）
		{
		　case 结果 1: 语句 1；break;
		　case 结果 2: 语句 2；break;
		　case 结果 3: 语句 3；break;
		　…
		　case 结果 n: 语句 n；break;
		　default: 语句 n+1；break;
		}

for 语句	用于循环执行一段代码，通常用于需要执行固定次数的操作	for（循环变量赋初值;循环条件;循环变量增值） {语句组 ;}

控制语句	功　能	语法基本格式

while 语句	当某个条件成立时，循环执行一段代码，通常用于不确定循环次数的操作	while（条件表达式）
		{
		　语句 1；
		　语句 2；
		　…
		}

do-while 语句	和 while 语句类似，但是先执行循环体一次，再判断是否需要继续循环	do{
		　语句组；
		}
		while（条件表达式）；

③ 跳转语句：跳转语句用于改变程序的执行流程，常见控制语句如表 4-6 所示。

表 4-6　C++ 常用的控制语句

跳转语句	功　能
break 语句	在循环体内执行，用于跳出当前循环
continue 语句	在循环体内执行，用于跳过本次循环的剩余部分，继续执行下一次循环
return 语句	用于从函数中返回值，结束函数的执行

4. C++ 编程开发环境

常见的 C++ 集成开发环境（IDE）有以下几个方面。

（1）Microsoft Visual Studio（Visual C++）。这是微软公司的免费 C++ 开发工具，具有集成开发环境，可使用 C 语言，C++ 以及 C++/CLI 等编程语言。其主要特点包括以下方面。

① 强大的代码编辑器：Visual Studio 提供了多种代码编辑器，包括基础的文本编辑器、智能感知代码编辑器、多文件编辑器等。这些编辑器可以帮助程序员快速编写和修改代码。

② 调试器：Visual Studio 内置了强大的调试器，可以帮助程序员快速定位和修复程序中的错误。

③ 性能分析工具：Visual Studio 提供了多种性能分析工具，可以帮助程序员优化程序的性能。

④ 集成的库和框架：Visual Studio 集成了多种库和框架，可以帮助程序员快速构建应用程序。

（2）C++ Builder。这是由 Borland 公司推出的一款可视化集成开发工具，具有一个专业 C++ 开发环境所能提供的全部功能。其主要特点包括以下方面。

① 可视化编程：Borland C++ Builder 提供了可视化编程界面，可以方便地创建窗体应用程序和数据库应用程序。

② 多语言支持：Borland C++ Builder 支持多种编程语言，包括 C++、Pascal、Java 等。

③ 强大的调试器：Borland C++ Builder 内置了强大的调试器，可以帮助程序员快速定位和修复程序中的错误。

④ 集成的库和框架：Borland C++ Builder 集成了多种库和框架，可以帮助程序员快速构建应用程序。

⑤ 良好的性能：Borland C++ Builder 具有良好的性能和稳定性，可以在高负载环境下运行。

（3）Dev-C++。这是一个 Windows 环境下的一个适合于初学者使用的轻量级 C/C++ 集成开发环境，它是一款自由软件，遵守 GPL 协议。其主要特点包括以下方面。

① 简单易用的界面：Dev-C++ 提供了简单易用的界面，适合初学者使用。

② 支持多种编译器：Dev-C++ 支持多种编译器，包括 GCC、Clang 等。

③ 集成的开发环境：Dev-C++ 提供了完整的开发环境，包括代码编辑器、调试器、版本控制工具等。

（4）Code::Blocks。它由纯粹的 C++ 语言开发完成，是一个开放源码的全功能的跨平台 C/C++ 集成开发环境。其主要特点包括以下方面。

① 可定制的用户界面：Code::Blocks 提供了可定制的用户界面，可以根据用户的需求进行调整。

② 支持多种编译器：Code::Blocks 支持多种编译器，包括 GCC、Clang 等。

③ 集成的开发环境：Code::Blocks 提供了完整的开发环境，包括代码编辑器、调试器、版本控制工具等。

5. Hello world

我们通过编辑一段 C++ 代码来输出字符串"Hello World"（图 4-16）。

```cpp
#include <iostream>
using namespace std;
int main()
{
    cout << "Hello World"; // 输出 Hello World
    return 0;
}
```

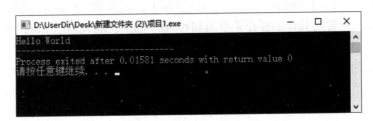

图 4-16　用 C++ 输出的 Hello World

在上述代码中，我们可以看到其包含了头文件 <iostream>，这是因为 C++ 语言定义了一些头文件，这些头文件包含了程序中必需的或有用的信息。using namespace std;

是告诉编译器使用 std 命名空间。int main() 是主函数，程序从这里开始执行。cout << "Hello World"; 则是在屏幕上显示消息 "Hello World"。return 0; 表示要终止 main() 函数，并向调用进程返回值 0。

4.3.4 C#

C# 读作 "C Sharp"，是微软公司在 2000 年 6 月发布的一种全新的、安全的、面向对象的程序设计语言。C# 源于 C 语言系列，在继承 C 和 C++ 强大功能的同时去掉了一些复杂特性，综合了 VB 语言简单的可视化操作和 C++ 的高运行效率，能运行于 .NET Framework 和 .NET Core 之上。同时 C# 是面向对象的编程语言，能够使程序员可以快速地编写各种基于 MICROSOFT .NET 平台的应用程序。

1. .NET 体系结构

C# 程序在 .NET 上运行，而 .NET 是名为公共语言运行时（CLR）的虚执行系统和一组类库。CLR 是 Microsoft 对公共语言基础结构（CLI）国际标准的实现。CLI 是创建执行和开发环境的基础，语言和库可以在其中无缝地协同工作。

语言互操作性是 .NET 的一项重要功能。C# 编译器生成的 IL 代码符合公共类型规范（CTS）。通过 C# 生成的 IL 代码可以与通过 .NET 版本的 F#、Visual Basic、C++ 生成的代码进行交互，同时还有 20 多种与 CTS 兼容的语言。单个程序集可包含多个用不同 .NET 语言编写的模块。这些类型可以相互引用，就像它们是用同一种语言编写的一样。

除了运行时的服务，.NET 还包含大量的库。这些库支持多种不同的工作负载。它们已被整理到命名空间中，这些命名空间提供各种实用功能，包括文件输入输出、字符串控制、XML 分析、Web 应用程序框架和 Windows 窗体控件等。

2. C# 语言运行原理

C# 编写的程序，必须用 C# 语言编译器将 C# 源程序编译为 MSIL 代码，在程序运行时，由 CLR 中的 JIT 将 MSIL 翻译成 CPU 能执行的机器代码后，交由 CPU 进行执行。这种运行的机制会使得运行速度变慢，但也会带来非常多的好处，主要包括以下方面。

（1）具有较好的可移植性。在这种运行机制下，CLR 为 C# 语言 MSIL 运行提供了一种运行环境，只要为其他的操作系统编制相应的 CLR，那 MSIL 就可以在不同的系统中运行。

（2）自动内存管理。CLR 内建垃圾收集器，当变量实例的生命周期结束时不必像 C/C++ 一样用语句进行释放，便可由垃圾收集器负责回收不被使用的实例占用的内存空间。

（3）编写的源程序更加安全。C# 语言不支持指针，对内存的访问必须通过对对象的引用变量来实现，因而只能访问到内存中允许被访问的部分，从而预防了恶意程序通过非法指针访问私有成员。因此 CLR 在执行 MSIL 前，必须对 MSIL 的安全性及完整性进行验证，以加大安全防范措施。

（4）完全面向对象。C# 语言中不再存在全局函数、全局变量等，所有的函数、变量都定义在类中，避免了冲突。

3. C# 的集成开发环境

微软公司提供了下列用于 C# 编程的开发工具。

（1）Visual Studio 2010（VS），其界面如图 4-17 所示。

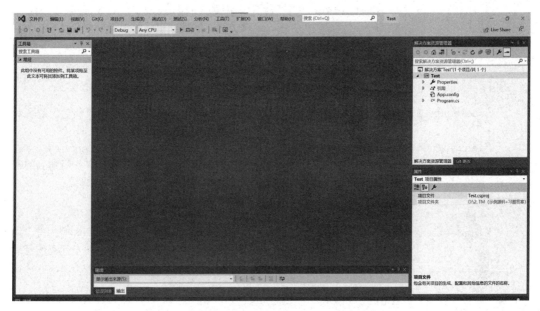

图 4-17　Visual Studio 2019 界面

（2）Visual C# 2010 Express（VCE）。

（3）Visual Web Developer。

通过使用这些工具可以编写各种类型的 C# 应用。在没有开发工具的情况下，也可以直接使用基本的文本编辑器（如记事本）来编写 C# 源代码文件，然后使用命令行编译器将代码编译为可执行文件。

4. C# 基础知识

（1）C# 通用结构。C# 程序由一个或多个文件组成。每个文件均包含零个或多个命名空间。一个命名空间包含类、结构、接口、枚举、委托等类型或其他命名空间。

```
// C# 程序通用结构
using System;                      // 程序的 using System 为 using 指令的用法，即
                                      在程序中引用 System 命名空间，一个程序允许有
                                      多个 using 关键字的存在。
Console.WriteLine("text");         // C# 中的顶级语句是指在程序的最外层，不属于任何
                                      方法、类或命名空间的代码语句。顶级语句可以包
                                      括变量定义、方法调用、表达式等。
namespace YourNamespace            // namespace 关键字创建命名空间
```

```
{
    class   YourClass                    // class 类的声明，可包含字段、方法等
    {
    }
    Struct   YourStruct                  // C# 中 struct 是一种值类型数据结构，它可
                                         //   以包含多个相关的字段和方法
    {
    }
    interface IYourInterface             // C# 中的 interface ( 接口 ) 是定义一组相
                                         //   关方法、属性和事件的规范。它类似于一个协
                                         //   议，用于规定类应该实现哪些成员，并提供了
                                         //   多态特性。
    {
    }
    delegate int YourDelegate();         // C# 中的 delegate 是一种类型，它代表了对
                                         //   一个或多个方法的引用
    enum YourEnum                        // C# 中的 enum 是用于定义枚举 (Enumeration)
                                         //   类型的关键字。它可以用来定义一组命名的常
                                         //   量值，使得代码更加可读和可维护。
    {
    }
    namespace YourNestedNamespace        // C# 中的 namespace 是用来组织和管理类、接
                                         //   口、枚举等类型的一种机制，便于代码的管理
                                         //   和复用
    {
        struct YourStruct
        {
        }
    }
}
```

（2）类型。C# 有两种类型——值类型和引用类型。值类型的变量直接包含它们的数据。引用类型的变量存储对数据（称为"对象"）的引用。C# 的值类型进一步分为简单类型、枚举类型、结构类型、可以为 null 的值类型和元组值类型。C# 引用类型又细分为类类型、接口类型、数组类型和委托类型。

（3）变量。C# 有多种变量，其中包括字段、数组元素、局部变量和参数。变量表示存储位置。每个变量都具有一种类型，用于确定可以在变量中存储的值。

（4）类。类是最基本的 C# 类型。它是一种数据结构，可在一个单元中将状态（字段）和操作（方法和其他函数成员）结合起来。

（5）接口。接口定义了可由类和结构实现的协定，可通过定义接口来声明在不同类型之间共享的功能。接口可以包含方法、属性、事件和索引器。

（6）字段。字段是与类或实例相关联的变量。使用静态修饰符声明的字段定义的是静态字段，它只指明一个存储位置；不使用静态修饰符声明的字段定义的是实例字段。

（7）方法。方法是实现对象或类可执行的计算或操作的成员。静态方法是通过类进行访问。实例方法是通过类实例进行访问。

（8）参数。参数用于将值或变量引用传递给方法。方法参数从调用方法时指定的自变量中获取其实际值。参数包括四类：值参数、引用参数、输出参数和参数数组。

5. C++ 与 C# 区别与联系

C++ 和 C# 是两种非常流行的编程语言，它们之间存在着一些区别和联系。

首先来看它们的相似之处。C++ 和 C# 都是面向对象的编程语言，这意味着它们都支持类、对象、继承、多态等概念，这些相似的特性使得 C++ 和 C# 可以互相调用，实现代码的重用和跨平台开发。

其次，它们之间也存在一些区别，主要体现在以下几个方面。

（1）内存管理机制的不同。C++ 的语法相对复杂，需要程序员手动管理内存。相比之下，C# 的语法相对简单，自动内存管理使得程序员不需要手动分配和释放内存。

（2）类型系统的不同。C++ 是一种静态类型语言，这意味着每个变量都必须有一个明确的类型。这种类型系统可以提供更好的编译时检查，但也限制了程序的灵活性。相比之下，C# 是一种动态类型语言，它允许变量在运行时改变类型。这种灵活性使得 C# 更适合于编写脚本和快速原型开发，但在大型项目中可能会带来一些风险。

（3）变量声明方式不同。在 C++ 中，变量的声明方式有两种：全局变量和局部变量。其中，全局变量需要在头文件中进行声明，而局部变量则可以在代码中直接声明。而 C# 中提供了一种新的声明变量的方式，这就 var。通过这种方式可以自动推断变量的类型，因此不需要显式地指定类型。

（4）标准库和第三方库方面也有所不同。C++ 拥有丰富的标准库和第三方库，包括 STL（标准模板库）、Boost 等。这些库提供了许多常用的数据结构和算法，可以大大简化开发过程。相比之下，C# 的标准库相对较小，但它可以通过安装第三方库来扩展功能。例如，.NET 框架提供了丰富的类库和工具集，可以用于开发各种类型的应用程序。

（5）类的定义方式不同。C++ 的类定义方式更加灵活，类的成员可以是公有的、私有的或受保护的，并且可以包含数据成员、成员函数、构造函数和析构函数等，还支持嵌套类的概念。而在 C# 中，类的语法更加简洁清晰，采用了类似于 Java 的语法风格，类的成员默认为私有的，只有通过 public 关键字才能将其声明为公有的。

（6）编程思想不同。C++ 是一种面向对象的编程语言，它支持封装、继承和多态等特性，这些特性使得 C++ 非常适合于大型的项目开发。而 C# 则更加注重于快速开发和简洁性，它采用了面向对象的编程思想，但并没有像 C++ 那么强调继承和多态等概念。因此，在 C# 中，我们更多地看到的是对象的实例化和方法的调用。

（7）应用领域的差异。C++ 主要用于底层系统开发、游戏引擎等领域；C# 则主要应用于 Windows 桌面应用和 Web 应用开发领域。由于 C# 具有与 Windows 操作系统紧密集成的优势，因此它在 Windows 应用程序的开发领域中得到了广泛的应用。

（8）编译上的差异。C++ 的代码可以直接被编译成机器码运行；而 C# 编译后生成的是 MSIL（Microsoft Intermediate Language），这种语言不能直接 CPU 执行，而是依靠 .NETframework 翻译成 opcode 后再送到 CPU 执行。因此，在某些对性能要求较高的场景下（如游戏开发），C++ 可能比 C# 更具优势。

6. Hello World

编辑输出 "Hello，World" 历来都用于程序设计语言的第一个实例，以下实例为 C# 编辑输出的 "Hello，World"（图 4-18）。

```
using System;
class Hello
{
    static void Main()
    {
        Console.WriteLine("Hello, World");
    }
}
```

图 4-18　用 C# 输出的 Hello，World

该程序引用 System 命名空间的 using 指令，将 Console.WriteLine 作为 System.Console.WriteLine 的简写。

习题

1. 下载并安装 Unity 3D 软件，熟悉界面及相关的命令。
2. 试在 C++ 编程开发环境中输入以下程序，根据输出结果讨论程序的用途。

```
#include <iostream>
using namespace std;
int main()
{
    int start=100;
    int i,j,k;
    while(start<=999)
    {
```

```
        i=start%10;
        i=start/10%10;
        k=start/100;
        if (i*i*i+j*j*j+k*k*k==start)
        {
            cout<<start<<"为水仙花数！"<<endl;
        }
        start++;
    }
    return 0;
}
```

3. 试搭建 C# 编程开发环境，并在搭建的环境中编写输出"您好，中国"的程序。

第 5 章

虚拟现实全景技术

近年来，随着虚拟现实技术逐渐成熟，一种新的视觉技术——VR 全景应运而生，并迅速发展。VR 全景也称为 720°全景，是一种基于图像绘制技术生成真实感图形的虚拟现实技术，具体来说是一种基于图像处理的全景摄影技术，其采用 720°全方位立体展示，实现人与图像的深度交互，使人有身临其境之感。

目前 VR 全景在商业上应用广泛，例如餐厅、酒店、景区等，都有 VR 全景的应用。随着 5G 通信逐渐普及，VR 全景还将会迎来一场爆发性发展，未来的 VR 全景一定会与我们的生活息息相关。

5.1 虚拟现实全景技术概述

5.1.1 VR 全景技术的特点

VR 全景技术是利用单反、全景相机等摄影器材拍摄实景，经过特定软件的拼合处理后，最终产出 720°全景立体图像或视频的技术。VR 全景技术具备如下特点。

1. 无须建模

全景图像是通过对物体进行实地拍摄，再对现实场景进行处理和再现后的真实图像，该过程无须建模，并且相比于通过建模得到的虚拟现实效果，VR 全景图像更加真实可信，更能使人产生身临其境的感觉。VR 全景技术能更好地满足对场景真实程度要求较高的应用，例如云旅游、云看房等。

2. 制作简单

VR 全景图像的制作流程简单快捷，免去了烦琐又费时的建模等过程，通过对现实场景的采集、处理和渲染，快速生成所需的场景。与传统虚拟现实技术相比，其效率提高了十几倍甚至几十倍，具有制作周期短，制作费用低的特点。

3. 动态交互

VR 全景技术主要是通过多角度拍摄制作全景图片，实现对场景环视和拖动显示，用户可以通过鼠标或键盘进行上下、左右和远近的控制，任意选择自己的视角，实现3D 效果，如亲临现场般环视、俯瞰和仰视，具有强烈的动感和影像透视效果。同时，在全景展示的基础上还可以添加场景中产品与用户的交互内容，让用户能够在线上 720°查看展示产品，还可以和产品进行线上互动，极大地消除用户和产品之间的距离感，丰富用户的使用体验。

4. 网页发布

VR 全景的网页展示方式非常多样化，它支持地图导航，可访问外部网页、视频、动画、音频等链接，它还可以将三维地理系统集成在软件中进行展示。

总之，VR 全景的应用领域十分广泛，无论在商业领域、文化领域，还是科技领域，都能发挥它特有的优势。

5.1.2　VR 全景技术的分类

1. 柱形全景

柱形全景是最简单的全景技术，也就是通常所说的"环视"，用户可以通过鼠标或键盘操作，环水平 360°观看四周，并放大与缩小。但是在用鼠标进行上下拖动时，上下的视野将受到限制，也就是上看不到天顶，下也看不到地底，柱形全景图的真实感有限，但制作简单，属于全景技术的早期应用。

2. 球形全景

球形全景是指观测视角水平为 360°，垂直为 180°，也称为全视角全景。观察球形全景时，观察者感觉像是位于球的中心，通过鼠标、键盘的操作，可以观察到任何一个角度的画面，让人融入虚拟环境之中。球形全景产生的效果较好，所以普遍认为球形全景才是真正意义上的全景，球形全景给用户呈现的视觉感受更接近完美，也被作为全景技术发展的标准。目前已经有较多成熟的软硬件设备和技术，本小节主要就是介绍球形全景技术。

3. 对象全景

对象全景与球形全景观察景物的视角完全相反，球形全景是从空间内的节点来观看景观空间所生成的视图，对象全景则是以物体为对象中心，观察者围绕着对象物体，从

720°的球面上的众多视点来观看内部的一件物体（即对象），从而生成该对象全方位的图像信息。基于观察方式的不同，对象全景在应用场合上与其他全景图有所区别。

对象全景技术与其他全景技术的制作方法不同，其他全景技术通过转动相机拍摄多个角度的照片，而对象全景技术则是在拍摄时转动对象，每转动一个角度拍摄一张照片，经过编辑处理后，用户可使用鼠标来控制对象物体的旋转及放大与缩小。也可以将图像嵌入网页，发布于网站上，采用对象全景技术进行商品展示。对象全景技术可以更全面地表现商品对象的外观，因此在电商领域及文化传播领域应用最为广泛。

4. 立方体全景

立方体全景也是一种能实现全景视角的拼合技术，和球形全景一样，立方体全景的视角也为水平360°，垂直180°。但与球形全景不同的是，立方体全景保存为一个立方体的6个面。立方体全景照片的制作比较复杂，拍摄照片时，需要把上、下、前、后、左、右6个面全部拍下来，然后再用专门的软件把其全部拼接起来，做成立方体展开的全景图像，最后把全景照片嵌入展示的网页中。

5. 全景视频

全景视频是以视频的方式720°全方位记录场景实况，生成动态的全景视频，用户通过终端设备可以身临其境般地体验同一场景。全景视频给用户带来的是一种全新的感受，其效果表现为全动态、全视角、带声音的全景，全景视频主要应用领域是景区风光体验、博物馆实景、企业展示、重大赛事活动视频记录等。近些年兴起的全景直播，也属于全景视频的一种表现形式。

5.2 虚拟现实全景制作的硬件与软件

5.2.1 硬件设备

从实现全景摄影的功能来说，只要是可以记录影像的设备，都可以作为VR全景的采集设备来使用，甚至是手机都能用于VR全景图像的采集，但是其中的很多参数不可以手动设定，成像质量也比较差，拍摄出的作品质量欠佳。最为方便且效果较好的是用单反相机加广角镜头或鱼眼镜头进行拍摄，再用全景拼合软件拼合得到全景图像。

为了追求效率和便捷性，多镜头的一体式VR全景相机应运而生，其主要可分为两大类：一类是由2个鱼眼镜头组成的消费级VR全景相机，另一类是由4个及以上镜头组成的专业级VR全景相机。一体式VR全景相机通常具有机内自动拼接功能。

1. 单反相机及镜头

单反相机有全画幅相机和半画幅相机两大类，市面上的大部分单反相机都能够满足VR全景的拍摄要求，半画幅相机和全画幅相机对应的视角范围有所不同，在VR全景的拍摄中，建议使用全画幅相机来减少图片的拍摄数量。

单反相机所配备的镜头的视角应尽可能大，这样可以包含更多的景物，从而减少拍摄次数，这就是全画幅相机更具优势的原因。拍摄视角范围越窄，制作出一个 VR 全景图所需要拍摄的图片张数就越多，拍摄图片的张数越多就越容易造成拼接错位或出现残影。为增大拍摄视角，人们经常采用两类镜头：广角镜头和鱼眼镜头。

鱼眼镜头从外形上看，其镜头最前面的镜片圆圆的凸起，特别像鱼的眼睛，因此被俗称为鱼眼镜头。从参数上划分，鱼眼镜头是一种焦距为 16mm 或更短的超广角镜头，其极短的焦距和特殊的结构使其具有接近 180°，甚至达到 180° 的广阔视角。另外，由于其焦距很短，拍摄的图片也会产生特殊变形效果，透视汇聚感强烈。

广角镜头中焦距小于 20mm 的超广角镜头是全景摄影中常用的镜头。相对于鱼眼镜头，广角镜头没有那么严重的透视变形，水平视角也小于鱼眼镜头，但成像质量好，拼接出的全景图片分辨率较高，更适合于对影像质量要求较高的全景摄影。

2. VR 全景相机

VR 全景相机可分为单目 VR 全景相机、双目 VR 全景相机、多目 VR 全景相机和组合式 VR 全景相机，这些不同类型的相机均有各自的定位。例如，单目全景相机用于拍摄高质量的全景图片，双目 VR 全景相机的特点是方便快捷、便于记录日常生活，多目 VR 全景相机定位于拍摄 VR 视频内容。

（1）单目全景相机。单目全景相机是指专门用于拍摄全景的单镜头相机。图 5-1 所示为小红屋单镜头全景相机，可拍摄出分辨率为 8K 的全景图片。它可利用相机的鱼眼镜头，通过机身自带的电机进行转动并前后左右取景 4 次，用户可将拍摄的图片自动传到 720 云 App 中进行拼接处理，最终合成一个完整的 VR 全景图。

图 5-1　小红屋单镜头全景相机

（2）双目 VR 全景相机。双目 VR 全景相机是指拥有两个鱼眼镜头的相机。这类全景相机通常通过连接移动 Wi-Fi 的方式来让使用者控制相机进行拍摄，拍摄完成后会自动合成一张画面比例为 2∶1 的 VR 全景图。目前市场上主流的双目 VR 全景相机有理光 THETA 系列全景相机、Insta360 ONE X 全景相机等。图 5-2 所示为 Insta360 ONE X 全景相机，它具备两个鱼眼镜头和两块传感器。双目 VR 全景相机是拍摄 Vlog 的一种很好的辅助拍摄设备，可以很快速地获取全景视频和图片内容，用户通过 720 云 App 可以实现快速上传并分享。

图 5-2　Insta360 ONE X 全景相机

（3）多目 VR 全景相机。多目 VR 全景相机是包含 4 个及以上鱼眼镜头的相机，它能通过多个镜头同时取景并拼接组成 VR 全景。目前多目 VR 全景相机主要用于全景视频的拍摄，可以有效地帮助创作者节约前期拍摄的时间成本，让创作者把更多的精力投入内容表达及内容制作中，当然其也可以用于 VR 全景图的拍摄，但是成片质量无法与单反相机媲美。图 5-3 所示为 Insta360 Por2 VR 全景相机。

（4）组合式 VR 全景相机。组合式 VR 全景相机是由多个独立相机组合而成的，这类相机通常将运动相机或单反相机通过支架固定并组合，形成 VR 全景相机（图 5-4）。组合式 VR 全景相机可采用不同的数量的支架及相机，如 6 目和 12 目等。

图 5-3　Insta360 Por2 VR 全景相机　　　　图 5-4　VR 全景相机

使用组合式 VR 全景相机拍摄后，在制作 VR 全景图时仍然需要进行复杂的后期拼接，相比之下还是使用单反相机拍摄更为方便，并且使用单反相机拍摄的图片清晰度更高。

3. 三脚架

三脚架是用来稳定相机的一种支撑架（图 5-5）。其主要用于防止拍摄时产生机身抖动而影响拍摄效果。三脚架最常见的材质是铝合金，铝合金材质的优点是重量轻和坚固。最新式的脚架也会使用碳纤维材质制造，它具有比铝合金更好的韧性，重量也会更轻。

图 5-5　三脚架

4. 全景云台

云台是拍摄全景图片过程中安装在三脚架上方的设备（图 5-6）。其主要用作连接三脚架和承载相机的中间构件，起到平衡与稳定的作用。云台将镜头节点固定在云台的旋转轴心上，从而保证在旋转相机进行拍摄时，每张图像都是在同一个点上拍摄的。

图 5-6　全景云台

5.2.2　常用软件

1. Photoshop

Photoshop 简称 PS，是由 Adobe 公司开发和发行的图像处理软件。PS 是目前市场上最常用的专业图像处理工具之一，PS 的主要功能是对已有的图像进行编辑加工处理以及运用一些特殊效果，处理由像素构成的数字图像经常会用到 PS。VR 全景图像与任何一种类型的图像一样，其重点都在于对图像的处理加工，一般来说，PS 用于全景图中的"补天补地"。所谓"补天"是指使用航拍飞行器进行全景拍摄时，飞行器的摄像头视角无法采集到它上面的天空，只有以摄像头为基础向下的视角的部分天空，如图 5-7 所示，这是一张拍摄完成并且拼接好的航拍全景图，可以看到，这张全景图的天空大部分都是空缺的，因为飞行器的视角无法向上拍摄，这时候我们就要运用 PS 来"补天"。"补天"是指采用 PS 蒙板叠加的方式对照片进行处理，首先需要准备一张与航拍全景图图像大小一致的天空素材，将其导入 PS 软件，把天空素材复制到航拍全景图的新图层上，得到两个图层。此时在天空素材层上使用图层蒙版，再使用渐变工具，选择由黑到白，按住 Shift+ 鼠标左键往上拉进行微调，就可得到"补天"后的全景图片。

图 5-7　航拍全景图

　　"补地"是指在使用三脚架置于地面进行拍摄时，镜头会将三脚架拍入画面（图 5-8），因为三脚架的遮挡，地面有一块区域无法正常显示，这时候就需要使用 PS 进行"补地"处理。"补地"有多种方式，地面比较简单的情况下，可以和"补天"一样采取 PS 蒙板叠加的方式对照片进行修补。如果地面较为复杂，则可以采用插件或球形全景方式进行修补。这里介绍球形全景图"补地"，其过程是将需要修补的全景图片导入 PS，使用 3D 功能，选中球面全景，通过选中的图层新建全景图图层，画面会变为720°旋转的图片，将图片旋转至有支架的一面，然后用仿制图章进行修补地面。

图 5-8　使用 PS 进行"补地"处理前的照片

2. Lightroom

Lightroom 的全称为 Adobe Photoshop Lightroom，简称 LR，也是 Adobe 公司旗下的一款以后期制作为重点的图形工具软件，功能强大，操作灵活，从图片的导入到最终输出，LR 都能提供强大而简单的一键式工具和步骤，它可以根据图片的不同类型进行相应的个性化处理。处理 VR 全景图的过程中，LR 的主要功能是对图片进行调色、润饰和参数同步等。在图 5-9 中，我们可以清晰地看出使用 LR 进行调色前后的图片对比。

图 5-9　调色前后的图片对比

3. PTGUI

PTGUI 是一款功能强大的 VR 全景图拼接软件，该软件名称的 5 个字母取自 Panorama Tools Graphical User Interface 的首字母。PTGUI 可以快捷方便地制作出一张完整的球形 VR 全景图。PTGUI 从一组原始图片的输入到 2∶1 比例 VR 全景图的输出，包括了输入原始图片、参数设置、控制点的采集和优化等流程，最终输出完成 VR 全景图。

PTGUI 软件中最重要的功能就是对一组图片进行拼接处理，在图片拼接的过程中，它会智能化地对图片进行对齐、校准，并且会对相邻两张图片的接缝进行融合，使其更加自然。图 5-10 所示为一组已经拍摄好了的源图像，通过 PTGUI 软件的拼接处理，最终得到一张如图 5-11 所示的全景图片。

图 5-10　源图像

图 5-11　PTGUI 软件拼接处理后的图像

4. Pano2VR

Pano2VR 是一款功能全面的全景图像转换软件，它能将全景图片转化生成交互式全景漫游系统，软件运行界面如图 5-12 所示。Pano2VR 在完成全景图导入操作后，可以选择相应的全景漫游类型、初始视角等进行设置，把导入的全景图第一时间变成全景漫游的效果。在全景漫游预览区域可以进行添加热点事件、打补丁、插入音频、插入视频及调整光晕等操作。Pano2VR 通过热点进行全景场景切换，方法是在场景中添加带有链接目标类型与地址的热点，用户可利用热点来链接到下一个场景中。

Pano2VR 输出的是一个可交互的全景漫游系统，可输出的文件格式有 QuickTime、flash 和 HTML 等，因此它的运行环境是服务器，打开方式通常是浏览器。

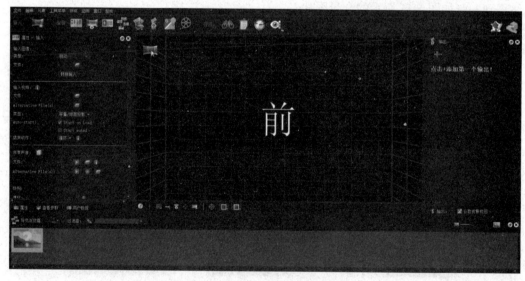

图 5-12　Pano2VR 工作界面图

5.3　地面虚拟现实全景拍摄

5.3.1　全景拍摄前期准备

1. 单反相机拍摄

用单反相机进行全景图的制作，通常采用单反相机＋鱼眼镜头＋全景云台＋三脚架的组合方式。理论上，所有的单反相机都能用来拍摄全景，但如果对图像品质有一定要求，在选用相机时应注意相机的成像像素。像素是组成图像的最基本元素，一般指相机的最大像素，即相机感光元件（CCD/CMOS）芯片上最大可包含多少个像素点。相机感光元件（CCD/CMOS）为相机中间的感光装置，其密集排列的像素点越多，拍摄出的图像的分辨率就越高，为了得到较好的全景效果，应该选择像素在 1000 万以上的单反相机，这样得到的图片质量较好。

鱼眼镜头是一种特殊的超广角镜头，焦距一般在 6 ～ 16mm，推荐使用焦距大约为 15mm 的鱼眼镜头拍摄 VR 全景，在这个焦距下，成片质量与拍摄效率之间有恰当的平衡点。鱼眼镜头一般只需要拍摄 4 ～ 6 张照片，重点是相机参数调好后要保持不变，并固定在一个点拍摄。其拍摄要求在水平视角 360° 拍摄一周，并且每张照片要有 33% 以上的重合，然后再下俯 45° 拍摄和上仰 45° 拍摄，最后补天补地各拍摄一张。

全景云台应具备两大功能，一是能调节镜头节点在一个纵轴线上转动，这是非常重要的功能，一般云台是无法转到 90° 拍摄天与地的；二是能让相机在水平面上进行水平转动拍摄，也就是使相机拍摄节点在三维空间中的一个固定位置进行拍摄，保证相机拍摄出来的图像可以拼合成 360° 的影像。

三脚架的选用要考虑稳定、承重、便携三个方面。一般来说，碳纤维脚架在便携性、抗震性、稳定性等方面要比铝合金脚架都好；三脚架上需放置单反相机和云台，所以承重是个很重要的参数，三脚架的承重要与装备组合的重量匹配，一般承重需要在 5kg 以上；在便携方面，应尽量选择收纳高度低的三脚架，在保证高度的前提下，中轴升起的高度越低，脚管的伸展越少，脚管的直径越大，三脚架越稳定。

2. VR 全景相机拍摄

用 VR 全景相机进行全景图的制作，通常采用 VR 全景相机＋全景云台＋三脚架的组合方式。正如前面所介绍，VR 全景相机可分为单目 VR 全景相机、双目 VR 全景相机、多目 VR 全景相机和组合式 VR 全景相机。在实际拍摄中，应根据具体应用场景选择对应类型的全景相机，单目 VR 全景相机及双目 VR 全景相机结构相对简单，并且价格较低，属于消费级产品，这类全景相机被摄影爱好者所喜爱，多用于记录个人生活，拍摄一些富有创意的图片。多目 VR 全景相机多用于商业用途，因其内置拼接算法，并且为一键式操作，能直接输出全景图，这对于公司而言，可节约成本，提升工作效率。

5.3.2　拍摄步骤

1. 设备安装

将全景云台安装在三脚架上，再安装好单反相机或 VR 全景相机，调节相机到水平位置，并旋转一周，使其尽量都保持在水平位置。

2. 调节节点

节点是相机镜头的光学中心，穿过节点的光线不会发生折射。拍摄全景的时候要让相机围绕这个点旋转以便消除由于视点移位造成的拼合误差。

3. 调节白平衡

人的视觉会对周围普通光线下的色彩变化进行补偿，相机能模仿人类对色彩进行的自动补偿，这种色彩校正系统就是白平衡。白平衡如果设置不正确，会使图像色温偏冷或偏暖。拍摄过程中可直接采用单反相机的自动白平衡，也可手动对白平衡进行细调。

4. 调节拍摄参数

全景摄影需要大景深，景深越大，拍摄出来的图像清晰范围也越大，因此要把光圈调小，在光圈优先模式中调节光圈后，快门速度将发生改变，应按需要决定是否调节。当光圈和快门速度调节完毕后，按下快门，拍摄第一张照片，观察所拍摄照片的亮度，如果场景偏亮，可以通过选择一个负的曝光补偿值来对图像进行整体修正；如果场景偏暗，可以适当增加一点正的曝光补伤尝值。

5. 拍摄照片

根据拍摄的第一张照片设置好相机参数后，保持该参数不变，转动云台，水平拍摄四张水平方向的图片。第五张图片是拍摄天空，需将全景云台的水平条向下旋转 90°，使得相机竖直向上拍摄。第六张图片是拍摄地面，将全景云台的水平条向上旋转 90°，使得相机竖直向下拍摄。至此，就得到了制作全景图所需的六张图片。

5.3.3　拍摄注意事项

1. 照片重合度

相邻两张照片之间需要有 33% ～ 66% 的重合部分，如图 5-13 所示。这样后期软件才能正确地把两张照片合并起来。一般而言，长焦镜头需要的重合度较小，33% 就够了，超广角焦段拍摄的照片需要 50% 左右的重合度。重合度也不是越高越好，过高的重合度（超过 66%）反而会导致软件难以识别两张图片之间的差别，导致融合失败。同时，两张照片的重叠处，不要有运动的物体，例如车、人、云等，也不要有变形非常明显的物体，例如畸变的建筑，以免后期拼接困难。

2. 视差

在全景图片拍摄过程中，如果相机发生位移，或者相机没有围绕一个节点旋转就会出现视差，这是由于转动轴和"节点"不在同一直线上导致的。视差对后期图片的拼接会产生破坏性的效果，造成物体合成错位甚至无法拼接的情况，最终影响全景图片的整体质量。通常解决视差问题的办法是通过专门的全景吊臂来让转轴和节点重合。

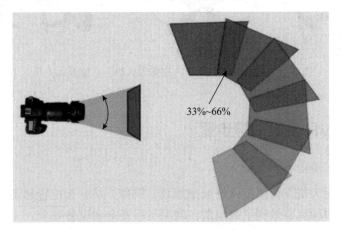

图 5-13　相邻照片重合度

5.4　航拍虚拟现实全景

5.4.1　航拍 VR 全景技术

　　与地面拍摄 VR 全景不同的是，航拍 VR 全景需要使用无人机进行拍摄。航拍 VR 全景最大的优势是现在很多无人机拥有一键全景功能，使得拍摄更加便捷。并且随着社会的发展与进步，无人机作为现代科技的产物，在日常生活、生产中均得到了广泛的应用，无人机全景拍摄能够获得"上帝视角"的效果，更适合场景较大的环境。

　　无人机全景拍摄即通过无人机在空中拍摄画面，通过后期拼接处理，制作成三维立体可旋转的 360°全方位实景图像。全景航拍超凡的展现效果给人们带来了全新的真实现场感，使无人机在房地产楼盘航拍全景展示、旅游景区航拍、城市全景航拍、工业园区全景航拍等领域得到了有效的应用。

5.4.2　航拍 VR 全景拍摄设备

　　航拍 VR 全景最主要的设备是无人机，无人机有固定翼无人机、多旋翼无人机等机型，用于航拍的机型则大多是多旋翼无人机，多旋翼无人机是具有三个及三个以上的旋翼舵机轴的无人驾驶飞机，这种无人机小巧，重量轻，携带方便，相比于其他机型，其操作最简单，对人的安全性也比较高，例如最常见的大疆无人机的精灵系列、御系列、悟系列等，都属于多旋翼无人机。另外，常见的多旋翼无人机还分为四轴、六轴、八轴等（图 5-14）。多旋翼无人机通过不同机臂上电机的配合转动，来为飞机上升提供升力，同时也为飞机提供前进后退的动力。

图 5-14　四旋翼无人机、六旋翼无人机、八旋翼无人机

5.4.3　航拍 VR 全景拍摄步骤

1. 飞行前的环境检查

（1）在操控无人机飞行前要做好航拍规划，例如，从什么位置起飞、到什么位置悬停拍摄，并对周边环境要做到了如指掌，确保飞行安全和设备安全。

（2）要在天气良好、无风（虽然无人机具备一定的抗风能力，但是在大风情况下不要起飞）、无雨、能见度高的条件下起飞。

（3）飞行的区域要开阔，要远离人群、高大建筑、主干道等。

（4）飞行时要确保周边安全，注意不要在禁飞区或机场附近使用无人机。

（5）要保证信号正常，避免靠近大型金属建筑物等会干扰无人机罗盘的物体。

2. 飞行前的机身检查

在操控无人机飞行前要对无人机的各个部件做相应的检查，任何一个小问题都有可能导致无人机在飞行途中出现事故或损坏，因此在飞行前应该做好检查，防止意外发生。需要检查的项目如下。

（1）检查无人机的磨损程度，确保无人机及其他装置没有肉眼可见的损坏，包括检查螺旋桨上有无缺口、无人机外壳上有无裂痕等。无人机的螺旋桨如果出现了缺口或变形，飞行时就会影响机身平衡，还会造成相机震动，拍摄出来的照片就会非常模糊。

（2）检查零件的牢固性，确保无人机所有的零件，尤其是螺旋桨要紧紧固定并且状态良好，确保无人机在飞行时不会有部件松动、脱落的情况发生。检查云台扣锁是否取下，确认云台上没有其他杂物。

（3）检查电池状态，确保所有设备的电池电量都已充满，包括遥控器、监视器、移动设备及无人机的电池等。

（4）如果是用手机操控无人机，则可以将手机调至飞行模式（前提是手机与信号发射器不通过网络连接），防止有电话呼入导致图传中断。

3. 升空拍摄

（1）无人机飞行拍照的高度一般应维持在 50～70m，如果距离地面太高，拍摄后的像素不会很理想。此外还要调整好无人机需要拍摄的角度。

（2）当飞行器到达航拍点时，把无人机相机调整到水平视角，朝一个方向横向旋转，进行水平拍摄，拍摄一圈 8 张图片后，将机身向上和向下 45°，用同样的方法再拍摄一圈各 8 张图片。

5.5　全景漫游的制作

5.5.1　制作流程

1. 图片拍摄

运用相机和鱼眼镜头、全景云台、三脚架、水平仪等硬件,拍摄出一组照片。

2. 全景图拼接

使用如 PTGUI 等软件把拍摄的一组照片拼接成 360×180 的球型全景图片。

3. 漫游点设置

使用 Pano2VR 等软件将拼接好的全景图加入场景跳转等漫游设置,并将全景图的格式转换为 FLASH 文件或者 HTML5 文件。

4. 发布至全景平台

登录 720 云 VR 平台,将拼接好的全景照片发布于后台,就可以在手机端及网页上观看 VR 全景漫游。也可以把上一个步骤制作好的漫游文件包上传至网站服务器,通过引用链接在网页或者手机上浏览。

5.5.2　PTGUI 制作全景图的基本操作

PTGUI 是一款功能强大的全景图制作工具,提供可视化界面,可快速将一组分散的图片进行拼接,从而创造出一幅高质量的全景图。PTGUI 软件初始界面比较简单,分为菜单栏、功能选项卡和操作区域,如图 5-15 所示。

图 5-15　PTGUI 工作界面

PTGUI 工作流程也非常简便，总共分为三个步骤。

（1）导入一组原始底片，单击加载影像，或将需要导入的图片拖至操作区，如图 5-16 所示。

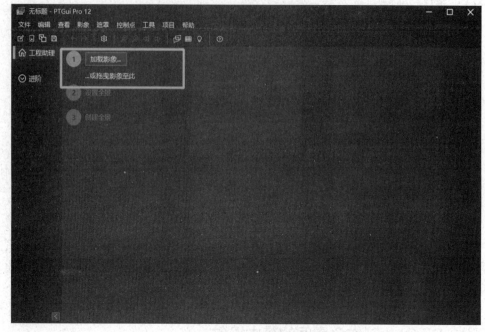

图 5-16　导入底片

PTGUI 支持多种格式的图像文件输入，输出可以选择为高动态范围的图像，拼接后的图像明暗度均匀，基本上没有明显的拼接痕迹。

（2）运行自动对齐控制点。PTGUI 能自动读取底片的镜头参数，识别图片重叠区域的像素特征，然后以"控制点"的形式进行自动缝合，并进行优化融合（图 5-17）。

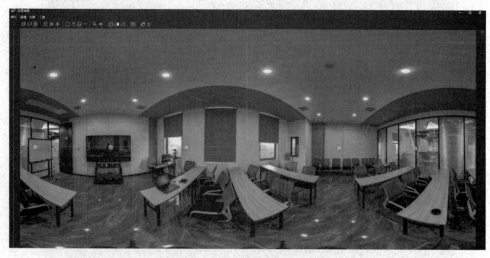

图 5-17　自动缝合并优化

全景图片编辑器支持多种视图的映射方式，可以手工添加或删除控制点，从而提高拼接的精度。

（3）生成并保存全景图片文件。

5.5.3　Pano2VR 制作全景漫游的基本操作

Pano2VR 是全景图像转换软件，能将全景图片转化生成交互式全景漫游系统。Pano2VR 软件界面划分为顶部菜单工具栏、左侧输入参数设置区、中间全景预览窗口、右侧输出参数设置区及底部导览浏览器，如图 5-18 所示。

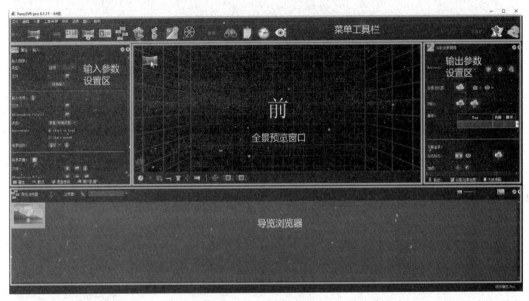

图 5-18　Pano2VR 工作界面

Pano2VR 为全景漫游制作提供了非常丰富的功能，例如在场景中添加热点、添加背景音乐、添加图片、添加视频、制作小行星开场、添加皮肤、制作导航等。下面介绍 Pano2VR 的基本操作，包括全景图的输入、添加热点、漫游系统的输出三个步骤。

1. 输入全景图

Pano2VR 是将全景图制作生成全景漫游，因此输入的首先是经过 PTGUI 处理生成的全景图片，即 2∶1 的全景图片。输入全景图有两种方式，第一种是通过"输入"按钮，选择全景图片输入，单击"输入"。在弹出的文件夹中选择要输入的全景图片，可以按住键盘 Ctrl 键，选择多张同时输入。第二种是直接将全景图拖入导览浏览器中，同样也可以按住 Ctrl 键，选择多张图片同时拖入。输入的全景图可在导览浏览器中显示，如图 5-19 所示。

通常在导览浏览器的第一张全景图左上角会有一个黄圈①标志。这个标志代表该全景图为首节点，即整个全景漫游初始场景，也就是打开预览时第一个看到的场景。初始场景可以更换，只要选中其他场景，如图 5-20 所示，单击鼠标右键，选择"设定初始场景全景"即可更换，对于不再需要的场景也可通过鼠标右键选择移除。

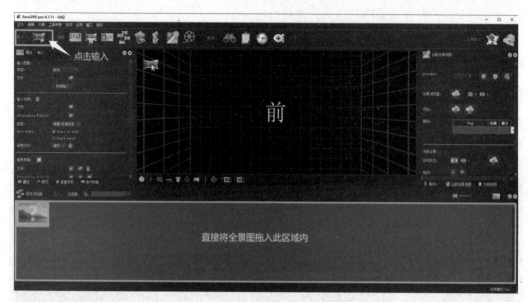

图 5-19　Pano2VR 中输入全景图步骤

图 5-20　初始场景更换

　　在 Pano2VR 中输入全景图理论上没有数量上的限制，可以输入很多张全景图，制作包含多个场景的全景漫游，并且对于输入的单张全景图的大小也没有明确的限制。但在实际情况中，工作电脑的硬件配置会限制软件的上限，当工作的计算机宕机时，基本上就是达到了它的极限。

　　2. 添加热点

　　热点的作用是在一个全景漫游中包含多个场景时，用于连接这些场景。用户浏览观看时，通过单击热点，就可从一个场景中切换到下一个场景。

输入全景图后，在全景预览窗口中选择"热点"，在场景中选定要插入的位置，双击鼠标，就可以在场景中看到一个红色标志，即热点在编辑状态下的标志（图 5-21）。

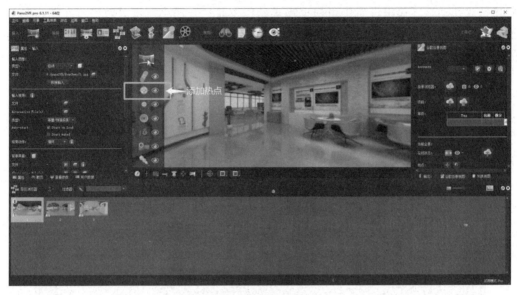

图 5-21　添加热点

添加完热点图标后，可在左侧参数设置区域对热点的参数进行设置。ID 即名字，作用是进行定位，一般都会默认自带一个，例如这里的热点默认 ID 是"Point01"，可以根据需求或喜好，重新进行命名。类型中有五个选择项，表示热点可链接的有五种类型，这里如图 5-22 所示选中"导览节点"，用于链接下一个场景，其他类型这里不做描述。如果需要链接目标网址，只需要单击后面，选择需要切换的下一场景节点即可。

图 5-22　添加导览节点

3.输出全景漫游

完成前面两步操作后，就可以输出一个全景漫游了。进入右侧输出参数设置区，单击"+"后选择"HTML5"，即可输出 HTML5 的全景漫游，HTML5 的平台适应性更好，尤其是对移动端。输出设置中可根据需求制作皮肤、开场小行星等效果，在图 5-23 中不做任何修改，直接单击"生成输出"（输出文件夹一般默认设置为输入的全景图所在的路径），齿轮状按钮即生成输出按钮。

图 5-23　生成输出步骤

此时如图 5-24 所示，会提示保存工程文件（工程文件记录了输入路径和输出路径，以及设置的所有参数，后期可以打开已保存的工程文件，进行修改或继续编辑。工程文件只记录路径参数，再次编辑，尤其是换一台计算机编辑时，一定要保证全景图等源素材的路径不变），单击"OK"选择保存的文件夹（默认也是全景图所在的路径），保存工程文件后，输出开始。

图 5-24　保存输出

输出完毕将自动调用浏览器打开，进行预览如图 5-25 所示。

图 5-25 预览效果

习题

1. 球形全景和对象全景在观看时有什么区别？
2. 全景图拍摄的硬件设备有哪些？
3. 用无人机进行全景拍摄需有哪些注意事项？

第 6 章

Unity 3D 开发基础

学习目标

（1）熟悉 Unity 3D 虚拟现实开发的概念与工作流程。

（2）了解 Unity 3D 软件基本操作及使用方法。

（3）了解物理引擎、粒子系统、UGUI 系统、动画系统及其作用。

（4）了解利用 Unity 开发 AR 和 VR 项目的过程。

Unity 3D 简称 U3D 或者 Unity，是当前业界领先的 VR/AR 内容制作工具，也是世界范围内主流的虚拟现实与 3D 游戏开发引擎，是大多数 VR/AR 创作者的首选制作工具。据统计，世界上超过 60% 的 VR/AR 内容是用 Unity 3D 制作完成的。用 Unity 3D 开发的虚拟现实作品或游戏可以在计算机、手机、游戏机、浏览器等几乎所有常见平台上运行。基于跨平台的优势，Unity 3D 支持市面上绝大多数的 VR 硬件平台，原生支持 Oculus Rift、PlayStation VR、Samsung Gear VR 和 HTC Vive VR，同时还支持 MR 硬件平台 Microsoft HoloLens。

6.1 Unity 3D 开发引擎安装

6.1.1 Unity3D 简介

Unity 3D 是由 Unity Technologies 开发的一个集游戏开发、实时三维动画创建、建筑可视化等功能的跨平台开发工具，是一个全面整合的专业 VR/AR 游戏引擎。开发者可以很容易地利用它开发出 2D 和 3D 内容，并使用一键发布功能发布到多个平台上。Unity 的一键发布功能为开发者们节省了平台移植所需的大量时间和精力。

当前 Unity 已经有一条完整的生态链，它的资源商店 Asset Store 中拥有丰富的免费和付费资源，开发者们可以很方便地在资源商店里检索到自己需要的内容，包括纹理、模型、各类插件、项目案例和 Unity 教程等。这些内容均可通过 Unity 软件直接导入，方便了广大开发者的学习和使用。Unity 还拥有非常活跃的社区，全球的开发者和爱好者都可以在这里相互交流学习、反馈和解答问题、分享 Unity 技术和经验。

6.1.2　Unity3D 安装指南

首先进入 Unity 的官方网站 https://unity.cn/（图 6-1），单击右上角下载 Unity 按钮，会自动跳到图 6-2 所示的 Unity 下载界面。

图 6-1　Unity 官网界面

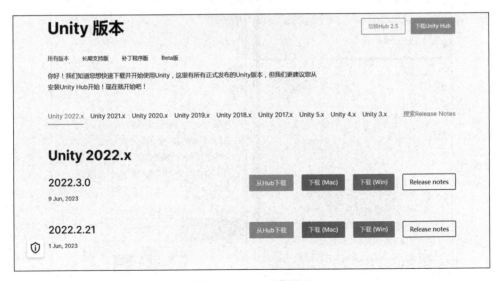

图 6-2　Unity 下载界面

在下载界面，单击右上方的"下载 Unity Hub"。弹出图 6-3 所示的提示框。单击"Windows 下载"，弹出图 6-4 所示的登录界面，没有注册账号的单击"创建 Unity ID"。在图 6-5 所示的信息填写页中填写信息，按照提示步骤操作就可以成功注册账号。注册账户后，回到图 6-4 所示的登录界面，登录之后，就可以下载了。

图 6-3　提示框

图 6-4　登录界面

图 6-5　信息填写页

162

Unity Hub 下载成功后，双击安装。按从图 6-6～图 6-9 的顺序依次执行安装步骤。

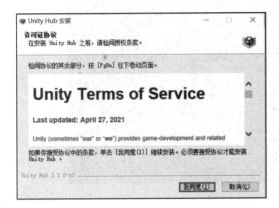

图 6-6　许可证协议接受页面

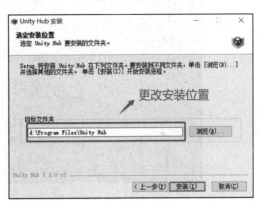

图 6-7　安装位置选择界面

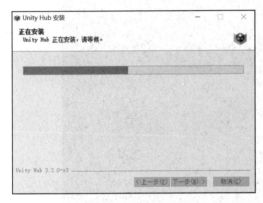

图 6-8　安装等待界面

图 6-9　安装完成界面

安装好后，打开 Unity Hub，利用刚才注册的账号进行登录；按图 6-10～图 6-15 的顺序完成添加许可证的操作，进行激活。

图 6-10　登录 Hub 界面

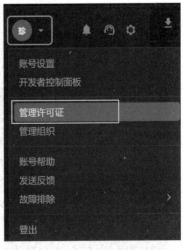

图 6-11　管理许可证入口

图 6-12　添加许可证步骤 1

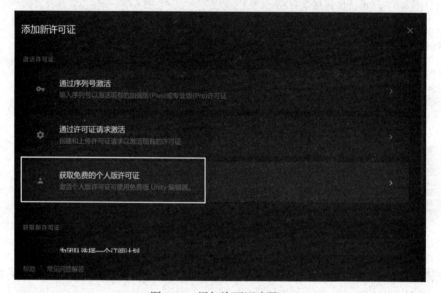

图 6-13　添加许可证步骤 2

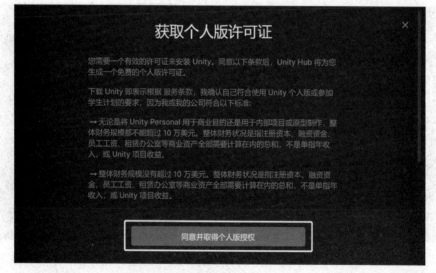

图 6-14　添加许可证步骤 3

图 6-15　完成添加许可证界面

添加完成之后，回到 Unity 下载界面，选择需要的版本进行安装。这里以 2020.3.40 版本为例，安装步骤如图 6-16～图 6-20 所示。

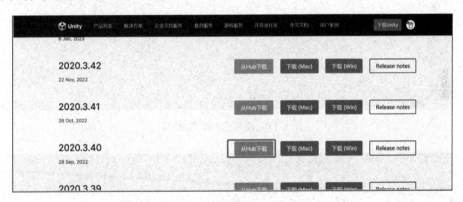

图 6-16　版本选择下载界面，选择从 Hub 下载

图 6-17　选择 Windows 下载，之后单击"打开 Unity Hub"按键

这一步要选择需要添加的模块，如图 6-18 所示。这里介绍几个常用的工具包，Microsoft Visual Studio Community 2019 是脚本编辑、调试工具，Android Build Support 是生成安卓包需要的模块，下面还有其他平台的模块，可以根据自己的项目需要选择相应的工具包。如果没安装工具包也没关系，可以在需要时再重新运行安装程序。安装过程及结束界面如图 6-19 和图 6-20 所示。

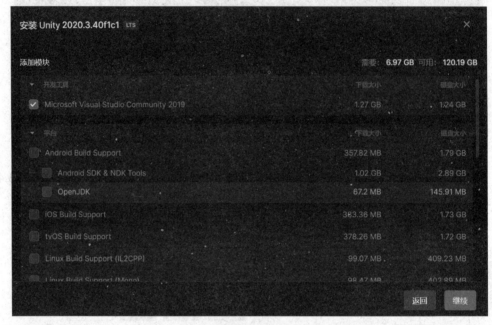

图 6-18　模块选择安装界面

图 6-19　正在安装界面

图 6-20　安装完成界面

6.2 Unity 3D 开发引擎简介

6.2.1 界面简介

Unity 集成开发环境的整体布局如图 6-21 所示，其包含菜单栏、工具栏、Scene 视图（场景设计面板）、Game 视图（游戏预览面板）、Hierarchy 视图（对象列表面板）、Project 视图（项目资源列表面板）、Inspector 视图（属性查看器窗口），每个窗口都显示了编辑器的某一细节，通过这些窗口可以实现几乎全部的编辑功能。

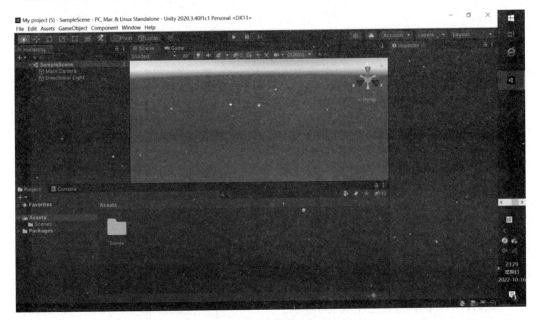

图 6-21 Unity 界面

1. 菜单栏

Unity 3D 菜单栏包含 File（文件）、Edit（编辑）、Assets（资源）、GameObject（游戏对象）、Component（组件）、Window（窗口）和 Help（帮助）7 组菜单。

（1）File 菜单主要用于打开和保存场景项目，同时也可以创建场景，其主要子菜单如图 6-22 所示。常用子菜单的功能有：New Scene（新建场景）、Open Scene（打开场景）、Save（保存）、Save As（另存为）、New Project（新建项目）、Open Project（打开项目）、Save Project（保存项目）、Build Settings（发布设置）、Build And Run（发布并执行）和 Exit（退出）。

（2）Edit 菜单用于场景对象的基本操作（如撤销、重做、复制、粘贴）及项目的相关设置，如图 6-23 所示。主要子菜单功能包括：Undo（撤销）、Redo（重做）、Select All（选择全部）、Cut（剪切）、Copy（复制）、Paste（粘贴）、Duplicate（重复）、Delete（删除）、Frame Selected（缩放窗口）、Look View to Selected（聚焦）、Find（搜索）、Play（播放）、Pause（暂停）、Step（单步执行）、Sign in（登录）、Sign out（退出）、Selection（选

择）、Project Settings（项目设置）、Preferences（偏好设置）等。

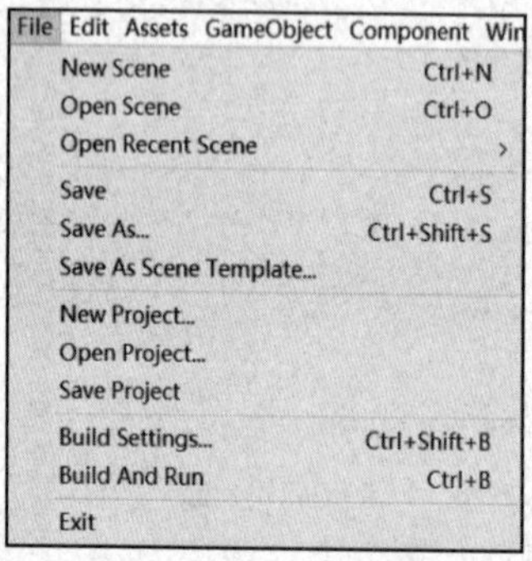

图 6-22　File 菜单

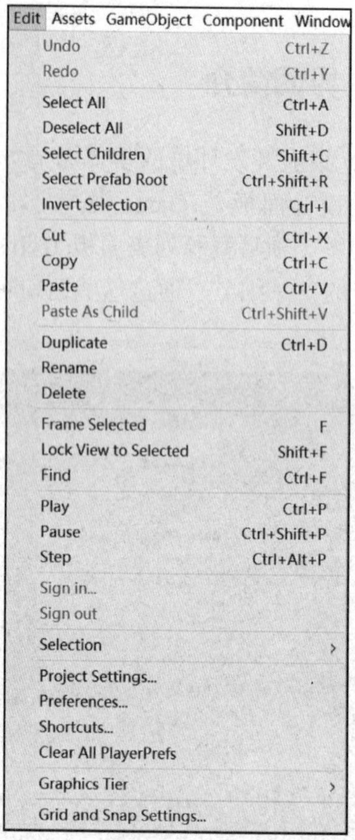

图 6-23　Edit 菜单

（3）Assets 菜单主要用于资源的创建、导入、导出及同步相关的功能，如图 6-24 所示。其主要子菜单功能有：Create（创建脚本、动画、材质、字体、贴图、物理材质、GUI 皮肤等资源）、Show in Explorer（文件夹显示）、Open（打开）、Delete（删除）、Rename（重命名）、Copy Path（复制路径）、Open Scene Additive（打开添加的场景）、Import New Asset（导入新资源）、Import Package（导入资源包）、Export Package（导出资源包）、Find References in Scene（在场景中找出资源）、Select Dependencies（选择相关）、Refresh（刷新）、Reimport（重新导入）、Reimport All（重新导入所有）、Extract From Prefab（在预设体中提取资源）、Open C# Project（打开选定的 C# 脚本文件）等。

（4）GameObject 菜单主要用于创建、显示游戏对象，如图 6-25 所示。其主要子菜单功能包括：Create Empty（创建空对象）、Create Empty Child（创建空的子对象）、3D Object（3D 对象）、Effects（特效）、Light（灯光）、Audio（声音）、UI（界面）、Camera（摄像机）、Center On Children（聚焦子对象）、Make Parent（构成父对象）、Clear Parent（清除父对象）、Set as first sibling（设置为第一个子对象）、Set as last sibling（设置为最后一个子对象）、Move To View（移动到视图中）、Align With View（与视图对齐）、Align View to Selected（移动视图到选中对象）和 Toggle Active State（切换激活状态）。

图 6-24　Assets 菜单

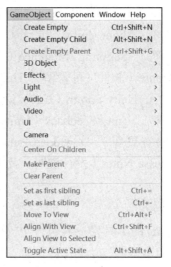

图 6-25　GameObject 菜单

（5）Component 菜单用于在项目制作过程中为虚拟物体添加组件或属性，如图 6-26 所示。其主要子菜单功能包括：Add（新增）、Mesh（网格）、Effects（特效）、Physics（物理属性）、Physics 2D（2D 物理属性）、Navigation（导航）、Audio（音效）、Rendering（渲染）、Tilemap（瓦片地图）、Layout（布局）、Miscellaneous（杂项）、Scripts（脚本）、UI（界面）、Event（事件）等。

（6）Window 菜单主要用于在项目制作过程中显示的窗口（图 6-27）。具体子菜单有：Next Window（下一个窗口）、Previous Window（前一个窗口）、Layouts（布局窗口）、Asset Store（资源商店）、General（通用）、Animation（动画窗口）、UI Toolkit（UI 框架窗口）等。

图 6-26　Component 菜单

图 6-27　Window 菜单

（7）Help 菜单主要用于帮助用户快速学习和掌握 Unity 3D，提供当前安装的 Unity 3D 的版本号（图 6-28）。主要功能有：About Unity（关于 Unity）、Unity Manual（Unity 教程）、Scripting Reference（脚本参考手册）、Manage License（软件许可管理）、Unity Service（Unity 在线服务平台）、Unity Forum（Unity 论坛）、Unity Answers（Unity 问答）、Unity Feedback（Unity 反馈）、Check for Updates（检查更新）、Download Beta（下载 Beta 版安装程序）、Release Notes（发行说明）及 Report a Bug（问题反馈）等。

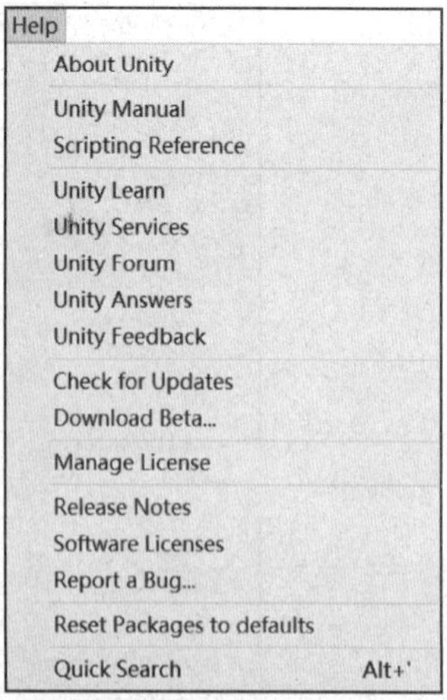

图 6-28　Help 菜单

2. 工具栏

Unity 3D 的工具栏一共包含 17 种常用工具，其布局如图 6-29 所示。

图 6-29　工具栏界面

工具栏各按钮的功能见表 6-1（顺序为从左至右）。

表 6-1　工具栏按钮功能

	平移视角按钮，在 Scene 视图中平移视角，不对模型等产生影响
	对象移动按钮，对选中的对象进行移动
	对象旋转按钮，对选中的对象进行旋转
	对象缩放按钮，对选中的对象进行缩放
	UI 界面操作按钮，仅针对 UI 界面进行移动、旋转、缩放操作
	对象复合按钮，可对选中的对象进行移动、旋转、缩放操作
	用户自定义按钮，用户可以自行设置操作
	表示以对象中心轴线为参考轴做移动、旋转及缩放
	表示以网格轴线为参考轴做移动、旋转及缩放
	Local 表示与 Global 切换显示，以控制对象本身的轴向；Global 表示与 Local 切换显示，控制世界坐标的轴向
	播放游戏以进行测试

续表

图标	说明
⏸	暂停游戏并暂停测试
⏭	单步进行测试
⚡	在云端托管的环境中保存、共享和同步 Unity 项目
☁	打开 Unity Service 窗口
Account ▼	从 Account 下拉菜单中访问 Unity 账户
Layers ▼	从 Layer 下拉菜单中控制 Scene 视图中显示的对象
Layout ▼	从 Layout 下拉菜单中更改视图的排列，然后保存新布局或加载现有布局

3. Project 视图

Project 视图里面显示的是这个项目的资源目录，用来管理项目所用到的资源，如图 6-30 所示。

4. Hierarchy 视图

Hierarchy 视图里面包含当前场景中的每一个虚拟对象，包括 3D 模型的资源文件实例，以及实例的添加和删除功能，如图 6-31 所示。

图 6-30　Project 视图

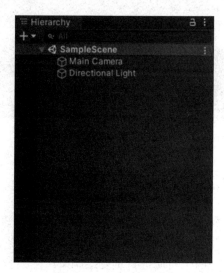

图 6-31　Hierarchy 视图

5. Scene 视图

Scene 视图即为场景视图，我们可以利用这个视图选取和布置环境、角色、摄像头、行人等场景对象，如图 6-32 所示。

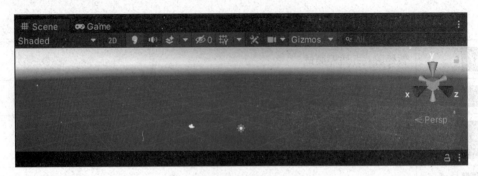

图 6-32　Scene 视图

6. Game 视图

Game 视图是最终游戏的运行视图，这个视图可以通过移动摄像机进行改变，如图 6-33 所示。

7. Inspector 视图

Inspector 视图显示了当前场景中所选择对象的各种参数信息。任何在 Inspector 视图中显示的性质都能被立即修改，其功能包括在不修改脚本的前提下直接修改脚本的值，以及在产品运行时修改一些值（图 6-34）。这种修改的灵活性极大地减轻了开发者开发的复杂程度，用好 Inspector 视图可以帮助开发者提高开发效率。

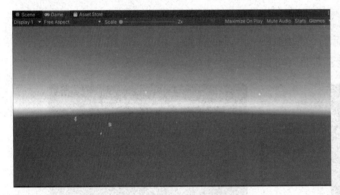

图 6-33　Game 视图

图 6-34　Inspector 视图

6.2.2　粒子系统

粒子系统是计算机图形学中通过三维控件模拟渲染出二维图像的技术，它可以模拟烟花、爆炸、火花、水流、落叶、云雾、飞雪、雨水、流星等自然现象。粒子系统通过对一两个材质进行重复绘制来产生大量的粒子，并且产生的粒子能够随时间在颜色、体积、速度等方面发生变化，并不断产生新的粒子，同时销毁旧的粒子。基于这些特性，粒子系统能够很轻松地打造出绚丽的浓雾、雨水、火焰、烟花等特效。粒子系统是 Unity 3D 重要的功能模块，在 Unity 3D 中一个典型的粒子系统是一个对象，它包含了一个粒子发射器、一个粒子动画器和一个粒子渲染器。粒子发射器产生粒子，粒子动画器控制粒子随时间的移动，粒子渲染器则将粒子绘制在屏幕中。

6.2.3　物理引擎

在 Unity 3D 物理引擎的设计中，硬件加速的物理处理器 PhysX 专门负责物理方面的运算。Unity 3D 的物理引擎速度较快，可以减轻 CPU 的负担，现在很多游戏开发引擎都选择物理引擎来处理物理部分的内容。在 Unity 3D 中，物理引擎是游戏设计中最为重要的组成部分，主要包含刚体、碰撞、物理材质及关节运动等。

6.2.4　UGUI 开发

UGUI 系统是从 Unity 3D 4.6 开始被集成到 Unity 3D 的编辑器中的。Unity 3D 官方给这个新的 UI 系统赋予的标签是：灵活、快速和可视化。对于开发者而言，UGUI 系统有四个优点：效率高、效果好、易于使用和扩展，以及与 Unity3D 的兼容性高。利用 UGUI 可以简单快速地在游戏中建立一套 UI 界面。在 UGUI 中创建的所有 UI 控件，都有两个特有的组件：Rect Transform 组件和 Canvas Renderer 组件（图 6-35）。我们所创建的三维对象是 Transform，而 UI 控件是 Rect Transform。Canvas Renderer 组件是画布渲染，操作时一般不会更改它的特性。

UI 元素包括 UI 渲染模式的应用、Canvas Scaler（画布缩放器）、Canvas Group（画布组）、Graphic RayCaster（射线发射器）、Rect Transform（矩形变换）、Text（文本）、Image（图像）、Transition（过渡选项）、Button（按键）、Toggle（切换）、Slider（滑动条）、ScrollBar（滚动条）、Dropdown（下拉菜单）、InputField（输入框）、Panle（窗口）、Scroll View（滑动视图）、Mask（遮罩）、Raw Image（原始图像）等。

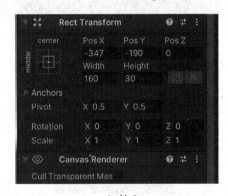

图 6-35　Rect Transform 组件和 Canvas Renderer 组件

6.2.5　Mecanim 动画系统

Unity 3D 的动画功能包括动画的重定向、运行时对动画权重的完全控制、动画播放中的事件调用、复杂的状态机层级视图和过渡、面部动画的混合形状等。

6.3 基于Unity的增强现实项目实践：增强现实立方体

随着 AR 技术的兴起，市面上出现越来越多的 AR 应用，例如 AR 卡片、AR 涂涂乐、结合定位服务技术（LBS）的精灵宝可梦游戏等。很多大公司也进入了 AR 的领域，例如苹果公司的 ARKit、谷歌公司的 ARCore 等，这些公司把 AR 技术进行了封装，让开发者可以很方便地制作自己的 AR 应用。本项目讲述如何利用 EasyAR SDK 制作一个简单的 AR 应用，实现通过手机将虚拟事物在现实中呈现。EasyAR 是视辰信息科技（上海）有限公司自主研发的一款 AR 开发工具包，里面封装好了 AR 的接口，直接调用就可以实现 AR 功能。接下来将逐一介绍具体步骤。

6.3.1 注册开发者账号

访问 EasyAR 的官网（图 6-36）https://www.easyar.cn，单击右上角"注册"按钮跳转至图 6-37 所示的注册开发者账号界面，按提示步骤完成注册即可。

图 6-36　EasyAR 官网

图 6-37　注册界面

6.3.2 应用授权

使用 EasyAR SDK 的每个应用都需要授权并与 SDK License Key 相关联，否则将无法使用。因此每建一个应用都必须单独授权，步骤如图 6-38 和图 6-39 所示。

（1）登录开发者账号。

（2）进入开发者中心，单击"我需要一个新的 Sense 许可密钥"。填写订阅信息，这里注意应选择免费版，应用名称可以随便填写，Package Name 的命名格式为：com. DefaultCompany. 包名，包名与创建的 3D 模板项目名字一致。

图 6-38　授权管理界面

图 6-39　Sense 信息填写界面

6.3.3　项目开发

1. 创建项目

单击创建项目，进入 Unity 编辑窗口（图 6-40）。注意这里的项目名称需要和 Sense 里填写的包名一致。

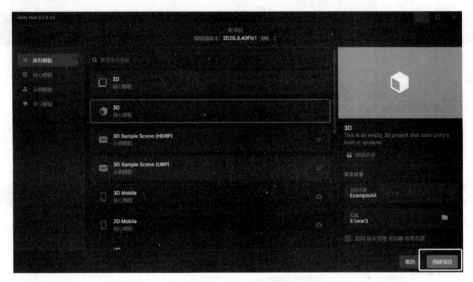

图 6-40　项目创建

2. 导入 SDK

（1）在如图 6-41 所示的界面中，打开"Assets"菜单中的"Import Package"命令，单击 Custom Package。

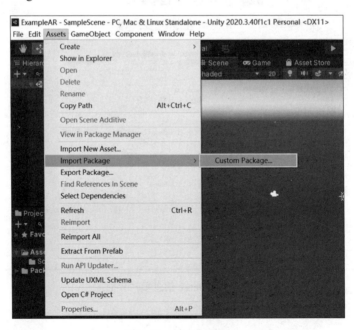

图 6-41　导入包界面

（2）在如图 6-42 所示的界面中，选中需要添加的文件，并单击"打开"命令进行导入。

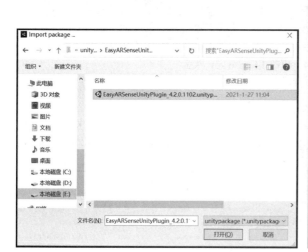

图 6-42　导入 EasyAR sdk

3. 填写 License key

回到开发者中心，在如图 6-43 所示的界面查看刚才申请的 License key，并在图 6-44 所示的界面中对 Unity 中的 License key 进行更改。

图 6-43　查看 License key 界面

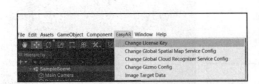

图 6-44　更改 License key 界面

4. 导入 ARsence 包

打开 "Assets" 菜单中的 "Import Package" 命令，单击 "Custom Package" 选择对应的导入文件进行配置，并后选择重载 scene(s) 界面。具体步骤如图 6-45～图 6-48 所示。

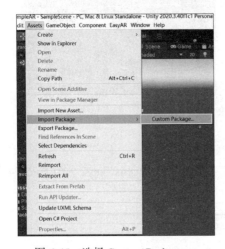

图 6-45　选择 Custom Package

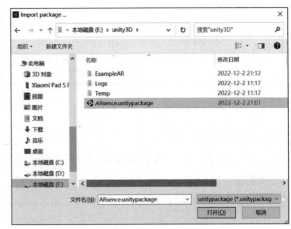

图 6-46　选择 ARsence 包

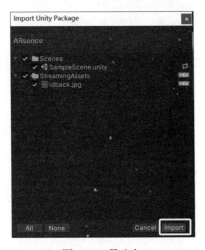

图 6-47　导入包

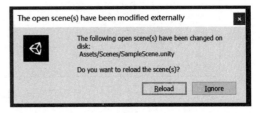

图 6-48　选择重载 scene(s) 界面

5. 添加扫描显示的对象

在 Hierarchy 窗口中单击鼠标右键，添加一个 Cube 到场景中，并调节 Cube 的位置至身份证图片的正前方，同时调整 Cube 的大小。调整完成后，将 Cube 对象拖到 Image Target 对象下方，让 Cube 成为其子对象。具体步骤如图 6-49～图 6-51 所示。

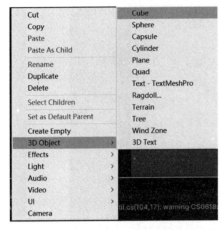

图 6-49　添加 Cube 对象

图 6-50　在场景中调整 Cube 对象的位置

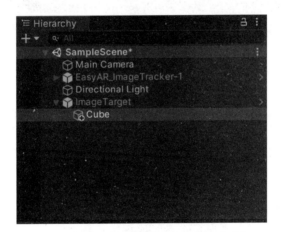

图 6-51　将 Cube 设为 Image Target 子对象

6. 更换项目平台

以上步骤完成后，项目的主体开发就完成了，不过此时该项目仅能在 PC 端运行。为了便于实验和使用，需要使其在 Android、IOS、UWP 等移动端平台也能运行，此外，PS4/5、Xbox One 等主机平台也是 VR/AR 项目应用的重点。通过 Unity 软件可以实现将该项目转换到上述平台中。

这里以更换到 Android 平台为例，具体步骤如图 6-52 和图 6-53 所示。

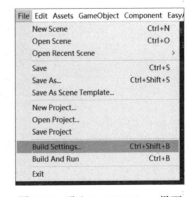

图 6-52　进入 Build Settings 界面

图 6-53　更换项目平台

7. 项目测试

将项目安装到 Android 手机中，运行程序，扫描身份证背面，手机中会出现一个 Cube，如图 6-54 所示。至此，一个简单的 AR 应用就完成了。

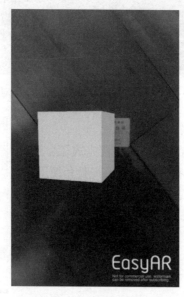

图 6-54　测试结果

6.4　基于 Unity 的虚拟现实项目实践：虚拟现实漫游

本项目是利用 VR 模拟器实现 VR 漫游。项目采用的插件有 SteamVR、VRTK3.3.0，开发环境为 Unity2019.4.27。

6.4.1　项目创建

1. 新建项目

在 Unity 中新建 VRExample 项目，如图 6-55 所示。

图 6-55　新建项目

2. 导入资源

依次导入需要用到的资源：VRscene、SteamVR 及 VRTK3.3.0。步骤如图 6-56 ~ 图 6-64 所示。其中导入 VRscene 后，直接双击打开 demo_scene（图 6-58）。

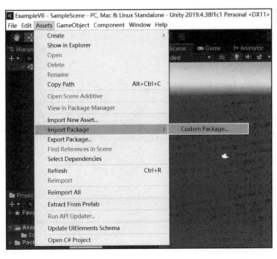

图 6-56　导入资源包

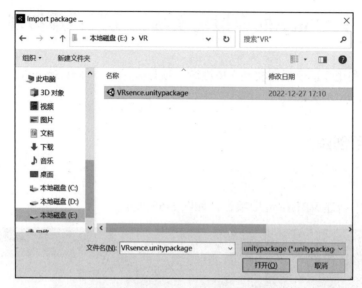

图 6-57　导入 VRscene

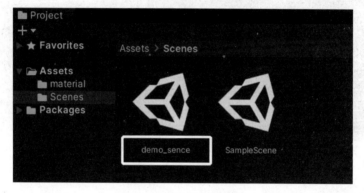

图 6-58　打开示例场景

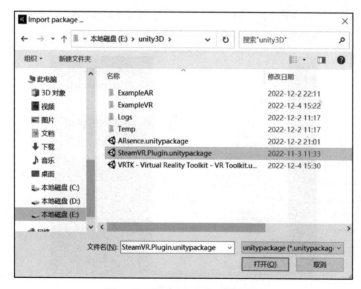

图 6-59　导入 SteamVR 资源包

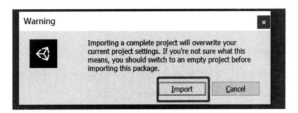

图 6-60　导入 SteamVR 资源包提示 1，选"Import"

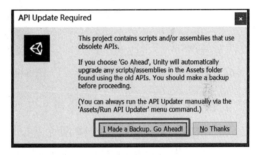

图 6-61　导入 SteamVR 资源包提示 2，选 Import

图 6-62　导入 SteamVR 资源包提示 3，选 I Made a Backup. Go Ahead!

图 6-63　导入 SteamVR 资源包提示 4，选 Accept All

图 6-64　导入 VRTK 资源包

6.4.2　创建对象

1. 创建 VRTK_Manager

创建一个空物体，并将其名称更改为 VRTK_Manager。然后给该对象添加 VRTK_SDK Manager 组件。具体操作如图 6-65 和图 6-66 所示。

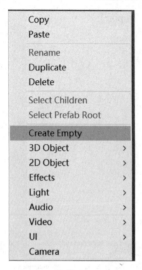

图 6-65　创建空物体 VRTK_Manager　　图 6-66　给 VRTK_Manager 添加 VRTK_SDK Manager 组件

2. 在 VRTK_Manager 下创建两个空对象

在 VRTK_Manager 下创建两个空对象，分别命名为 Simulator 和 SteamVR。把 VRTK 中的 VRSimulator_CameraRig 拖到 Simulator 对象下，接着给 Simulator 对象添加 VRTK_SDK Setup 组件，并将 SDK Selection 选择为 Simulator，最后找到 VRTK_Manager 对象的 VRTK_SDK Manager 组件，单击该组件中的 Auto Populate。具体步骤如图 6-67 ～ 图 6-70 所示。

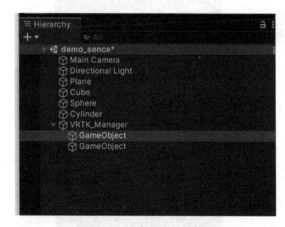
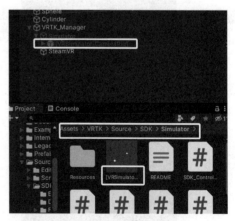

图 6-67　新建两个空物体　　　　　　　图 6-68　在 Simulator 下添加 VRSimulator_
　　　　　　　　　　　　　　　　　　　　　　　CameraRig

图 6-69　选择 SDK

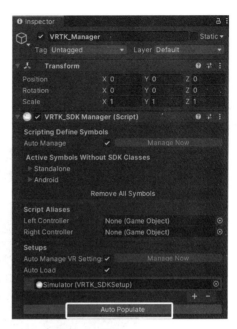

图 6-70　单击 Auto Populate

6.4.3　安装 XR 插件

在对 SteamVR 操作前，需要先安装 XR 插件。打开 Project Settings，单击安装 XR
安装包。具体步骤如图 6-71 和图 6-72 所示。安装完成后，需要保存内容，重新打开
项目。

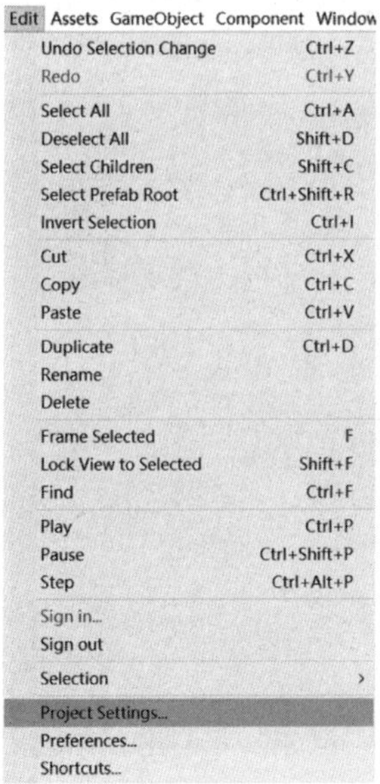

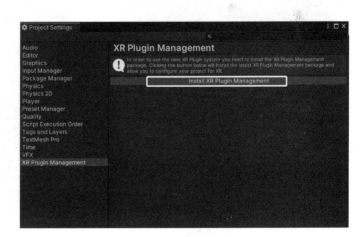

图 6-71　选择 Project Settings

图 6-72　安装 XR 插件

6.4.4　添加组件

接着将 CameraRig 和 SteamVR 拖到 SteamVR 对象下，然后给 SteamVR 对象添加 VRTK_SDK Setup 组件，并将 SDK Selection 选择为 SteamVR，最后找到 VRTK_Manager 对象的 VRTK_SDK Manager 组件，单击该组件中的 Auto Populate。具体步骤如图 6-73～图 6-75 所示。

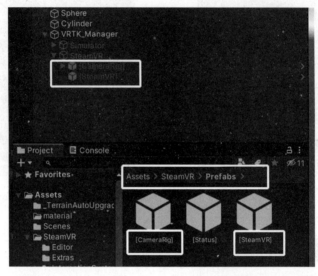

图 6-73　给 SteamVR 对象添加 CameraRig 和 SteamVR

图 6-74　选择 SDK

图 6-75　单击 Auto Populate

6.4.5　操作手柄对象并运行游戏

1. 创建手柄对象

新建 1 个空对象并命名为 VRTK_Script，然后再在该对象下新建 3 个空对象，分别命名为 LeftController、RightController 及 PlayArea（图 6-76）。

将 LeftController 和 RightController 对象分别拖到 VRTK_ SDK Manager 组件中的 Script Aliases 中（图 6-77）。

图 6-76　创建 VRTK_Script

图 6-77　给 Script Aliases 赋值

给 LeftController 添加 VRTK_Pointer、VRTK_BezierPointerRendere 和 VRTK_ControllerEvents 组件（图 6-78）。

用同样的步骤给 PlayArea 添加 VRTK_BasicTeleport、VRTK_PolicyList 及 VRTK_BodyPhysics 组件。然后将 LeftController 中的 Target List Policy 改为 PlayArea（具体如图 6-79 所示），之后就可以运行了。

图 6-78　给 LeftController 添加组件

图 6-79　更改为 PlayArea

2. 运行游戏进行测试

可以直接利用电脑模拟漫游。默认情况是控制右手柄，通过按 Tab 键可更换控制手柄为左手柄，按 Q 键可发射射线，进行瞬移，从而实现漫游。测试结果如图 6-80 所示。

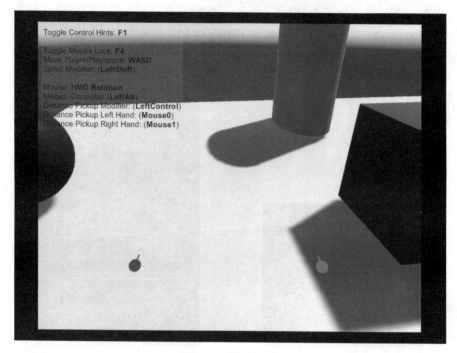

图 6-80　测试结果

习题

1. 举例说明粒子系统可以实现的功能。

2. 简述动画系统可以实现的功能。

3. 简述 UGUI 可以实现的功能。

参考文献

[1] 胡小强，何玲，祝智颖.虚拟现实技术与应用 [M].北京：北京邮电大学出版社，2021.

[2] 张金钊，张金锐，张金镝.虚拟现实与游戏设计 [M].北京：冶金工业出版社，2007.

[3] 张金钊，张金锐，张金镝.X3D 增强现实技术 [M].北京：北京邮电大学出版社，2012.

[4] 段海朋，关振华.3ds Max 2010 完全学习手册 [M].北京：清华大学出版社，2010.

[5] 王克伟.3ds Max7 实用教程 [M].北京：北京希望电子出版社，2006.

[6] 龚声蓉，许承东.计算机图形学 [M].北京：中国林业出版社，北京大学出版社，2006.

[7] 汤君友.虚拟现实技术与应用 [M].南京：东南大学出版社，2020.

[8] 王贤坤.虚拟现实技术与应用 [M].北京：清华大学出版社，2018.

[9] 李建，王芳，等.虚拟现实技术基础与应用 [M].北京：机械工业出版社，2019.

[10] 张金钊，徐丽梅，等.虚拟现实技术概论 [M].北京：机械工业出版社，2020.

[11] 娄岩.虚拟现实与增强现实使用教程 [M].北京：机械工业出版社，2022.

[12] 杨槐.无线数据通信技术基础 [M].西安：西安电子科技学出版社，2016.

[13] 潘焱.无线通信系统与技术 [M].北京：人民邮电出版社，2011.

[14] 杨晓波.3ds Max 初级建模 [M].北京：北京理工大学出版社，2018.

[15] 臧东宁.光栅式自由立体显示技术研究 [D].杭州：浙江大学，2015.

[16] 余超.基于视觉的手势识别研究 [D].合肥：中国科学技术大学，2015.

[17] 胡小梅，俞涛，方明伦.分布式虚拟现实技术 [M].上海：上海大学出版社，2012.

[18] 肖嵩，杜建超.计算机图形学原理及应用 [M].西安：西安电子科技学出版社，2014.

[19] 强彦，陈俊杰，石争浩.虚拟现实建模与编程 [M].北京：人民邮电出版社，2013.

[20] 吴亚峰，徐歆恺，苏亚光.Unity 游戏开发技术详解与典型案例 [M].北京：人民邮电出版社，2019.

[21] 徐娜.中文版 Maya 基础培训教程 [M].北京：人民邮电出版社，2015.

[22] 刘媛媛，雷莉霞，胡平，等.程序设计基础（C 语言）教程 [M].西安：西南交通大学出版社，2022.

[23] 罗福强，李瑶.C# 程序开发教程 [M].北京：人民邮电出版社，2017.

[24] 张阳，郭宝，刘毅.5G 移动通信 [M].北京：机械工业出版社，2021.

[25] 林枫然 . 基于 UE4（虚幻引擎）的 VR 场景制作与探索——平台分类及制作说明 [J]. 影视制作，2022，28（12）: 46-47.

[26] 罗新曼 . 基于 OpenGL 技术的计算机动画实现的研究 [J]. 商丘师范学院学报，2021，37（6）: 18-20.

[27] 朱富宁，刘纲 . VR 全景拍摄一本通 [M]. 北京：人民邮电出版社，2021.

[28] 石卉，何玲，黄颖翠 . VR/AR 应用开发（Unity3D）[M]. 北京：清华大学出版社，2022.